U0279613

彩图 2-7　黄粉虫蜕下的皮

彩图 2-8　刚孵化的黄粉虫

彩图 3-1　黄粉虫正在吃菜叶

彩图 3-2　家庭立体化饲养黄粉虫

彩图 3-3　箱养黄粉虫

彩图 3-4　塑料桶养

彩图 3-5　室养黄粉虫

彩图 3-6　面盆养殖黄粉虫

彩图 3-7　塑料盆养殖黄粉虫

彩图 3-8　架养黄粉虫

彩图 3-9　架式养殖黄粉虫

彩图 3-10　立体式养殖黄粉虫

彩图 3-11　分离筛

彩图 3-12　优质虫体

彩图 3-13　幼虫的投喂

彩图 3-14　成虫的投喂

彩图 3-15 养殖黄粉虫的米糠

彩图 3-16 幼虫和蛹需要及时分离

彩图 3-17 幼虫和蜕的皮需要
及时分离

彩图 3-18 用麦麸饲喂的
黄粉虫（正在取食）

彩图 3-19 湿度和温度不当时，
导致黄粉虫的蛹腐烂变质

彩图 4-1 果园养鸡养虫

彩图 4-2 用黄粉虫养虫子鸡

彩图 4-3 饲喂黄粉虫的草鸡

彩图4-4　刚化蛹不久
的黄粉虫蛹

彩图6-1　优质种虫

彩图6-2　优质的老熟幼虫

彩图7-1　干枯病

彩图7-2　黑头病

彩图7-3　敌害正在咬噬黄粉虫

彩图8-1　正在吞噬黄粉虫的龟

彩图8-2　拉步甲成虫在捕食黄粉虫

高效养黄粉虫

占家智　羊　茜　编著

机械工业出版社

本书系统地介绍了黄粉虫养殖的整个过程，主要内容包括国内外利用黄粉虫的情况及开发前景，黄粉虫的形态特征和生活习性，黄粉虫的各种养殖方式，尤其是规模化人工养殖技术，黄粉虫的饲料来源、加工方法及配方，黄粉虫的病害防治、综合利用等内容。本书内容言简意赅、通俗易懂，具有很强的科学性、操作性和实用性。另外，本书设有"提示""注意"小栏目，可以帮助读者更好地掌握黄粉虫养殖技术。

本书适合广大黄粉虫养殖户、相关技术人员使用，也可作为相关培训机构的培训教材。

图书在版编目（CIP）数据

高效养黄粉虫/占家智，羊茜编著．—北京：机械工业出版社，2015.10（2025.2 重印）

（高效养殖致富直通车）

ISBN 978-7-111-51455-8

Ⅰ.①高…　Ⅱ.①占…②羊…　Ⅲ.①黄粉虫-养殖　Ⅳ.①S899.9

中国版本图书馆 CIP 数据核字（2015）第 206466 号

机械工业出版社（北京市百万庄大街 22 号　邮政编码 100037）
总策划：李俊玲　张敬柱　　　　策划编辑：郎　峰　高　伟
责任编辑：郎　峰　高　伟　李俊慧　责任校对：聂美琴
责任印制：刘　媛
涿州市京南印刷厂印刷
2025 年 2 月第 1 版第 5 次印刷
140mm×203mm·7 印张·2 插页·202 千字
标准书号：ISBN 978-7-111-51455-8
定价：29.80 元

凡购本书，如有缺页、倒页、脱页，由本社发行部调换
电话服务　　　　　　　　　　网络服务
服务咨询热线：010-88361066　机 工 官 网：www.cmpbook.com
读者购书热线：010-68326294　机 工 官 博：weibo.com/cmp1952
　　　　　　　010-88379203　金 书 网：www.golden-book.com
封面无防伪标均为盗版　　　教育服务网：www.cmpedu.com

高效养殖致富直通车
编审委员会

主　　任　赵广永

副主任　何宏轩　朱新平　武　英　董传河

委　　员（按姓氏笔画排序）

丁　雷　刁有江　马　建　马玉华　王凤英　王自力

王会珍　王凯英　王学梅　王雪鹏　占家智　付利芝

朱小甫　刘建柱　孙卫东　李和平　李学伍　李顺才

李俊玲　杨　柳　吴　琼　谷风柱　邹叶茂　宋传生

张中印　张素辉　张敬柱　陈宗刚　易　立　周元军

周佳萍　赵伟刚　郎跃深　南佑平　顾学玲　曹顶国

盛清凯　程世鹏　熊家军　樊新忠　戴荣国　魏刚才

秘 书 长　何宏轩

秘　　书　郎　峰　高　伟

序

　　改革开放以来，我国养殖业发展非常迅速，肉、蛋、奶、鱼等产品产量稳步增加，在提高人民生活水平方面发挥着越来越重要的作用。同时，从事各种养殖业也已成为农民脱贫致富的重要途径。近年来，我国经济的快速发展对养殖业提出了新要求，以市场为导向，从传统的养殖生产经营模式向现代高科技生产经营模式转变，安全、健康、优质、高效和环保已成为养殖业发展的既定方向。

　　针对我国养殖业发展的迫切需要，机械工业出版社坚持高起点、高质量、高标准的原则，组织全国 20 多家科研院所的理论水平高、实践经验丰富的专家学者、科研人员及一线技术人员编写了这套"高效养殖致富直通车"丛书，范围涵盖了畜牧、水产及特种经济动物的养殖技术和疾病防治技术等。

　　丛书应用了大量生产现场图片，形象直观，语言精练、简洁，深入浅出，重点突出，篇幅适中，并面向产业发展需求，密切联系生产实际，吸纳了最新科研成果，使读者能科学、快速地解决养殖过程中遇到的各种难题。丛书表现形式新颖，大部分图书采用双色印刷，设有"提示""注意"等小栏目，配有一些成功养殖的典型案例，突出实用性、可操作性和指导性。

　　丛书针对性强，性价比高，易学易用，是广大养殖户和相关技术人员、管理人员不可多得的好参谋、好帮手。

　　祝大家学用相长，读书愉快！

中国农业大学动物科技学院

前　言

　　黄粉虫原是一种世界性的仓储害虫，现在经过不断开发，已经形成一个产业链，尤其是作为优质饲料源的开发，被誉为"蛋白质饲料宝库"，具有极大的开发价值。

　　目前我国已经开发了多种多样的黄粉虫养殖方式和养殖模式，为了让全国各地的朋友了解并掌握这些实用技能，编者参考了多种资料，请教了相关专家，拜访了一些养殖户，编写了本书。本书的主要内容包括国内外黄粉虫的情况及开发前景、黄粉虫形态特征和生活习性，黄粉虫的各种养殖方式，尤其是规模化人工养殖技术，黄粉虫的饲料来源、加工方法及配方，黄粉虫的病害防治、综合利用等内容。本书内容言简意赅、通俗易懂，具有很强的科学性、操作性和实用性，适合广大黄粉虫养殖户、相关技术人员使用，也可作为相关培训机构的培训教材。

　　需要特别说明的是，本书所用药物及其使用剂量仅供读者参考，不可照搬。在生产实际中，所用药物学名、常用名和实际商品名称有差异，药物浓度也有所不同，建议读者在使用每一种药物之前，参阅厂家提供的产品说明以确认药物用量、用药方法、用药时间及禁忌等。

　　本书在编写过程中得到了许多同仁的帮助，并参考了一些专家、学者的资料，在此对提供帮助的养殖户朋友、专家和部分资料的原作者表示诚挚的感谢。

　　由于编者水平有限，书中难免有失误和疏漏，在此恳请读者朋友批评指教，以便再版时改正。

编　者

目　录

第三章 黄粉虫的饲养

第四章　黄粉虫的综合养殖

第一章
概　述

一　黄粉虫简介

黄粉虫（*Tenebrio molitor* Linne），俗称为面包虫、面条虫、高蛋白虫、黄金虫、大黄粉虫，通称为黄粉甲，为多汁软体动物，属昆虫纲、鞘翅目、拟步甲科、粉甲虫属（彩图 1-1），是一种完全变态的仓库害虫，也是一种重要的世界性的粮食害虫，原产于北美洲，现在全球均有分布。经过相关专家的技术分析，黄粉虫鲜虫的蛋白质含量为 25%～47%，干品的蛋白质含量为 40%～70%，通常可达 60% 左右。例如，经测试，黄粉虫的幼虫含蛋白质 48%～50%，干燥幼虫含蛋白质 70% 以上，蛹含蛋白质 55%～57%，成虫含蛋白质 60%～64%、脂肪 28%～30%、碳水化合物 3%，还含有磷、钾、铁、钠、镁、钙、铝等常量元素和多种微量元素、维生素、酶类物质及动物生长必需的 16 种氨基酸。其他如维生素 E 和维生素 B_1、维生素 B_2 含量也较高，说明黄粉虫的营养成分很高，根据对黄粉虫幼虫干品的分析，每 100g 干品中，含氨基酸 847.91mg，其中赖氨酸占 5.72%，蛋氨酸占 0.53%，这些营养成分居各类饲料之首。因其蛋白质含量高于一般常见昆虫，所以又称为高蛋白虫。因此，国内外许多著名动物园都用其作为繁殖名贵珍禽、水产的饲料之一（图 1-1）。

黄粉虫在粮食仓库、药材仓库及各种农副产品仓库中，是一种重要的害虫，由于其生长对环境要求不高，比较容易人工饲养，目前已发展成为新兴的特种养殖动物。

图 1-1　给珍贵的龟喂黄粉虫

二　黄粉虫的营养价值

根据我国昆虫专家的研究表明，黄粉虫的组织中超过90%都是可食用部分，可以作为人类或其他经济动物的可口食物，因此它的利用率是非常高的，而且它的转化效率也非常惊人。据养殖专家的饲养测定：1kg黄粉虫的营养价值相当于25kg麦麸或20kg混合饲料或1000kg青饲料的营养价值。有试验表明，如果用3%~6%的黄粉虫鲜虫作为饲料的预混料，可代替等量的国产鱼粉，所以被饲料专家誉为"蛋白质饲料宝库"。因此，黄粉虫是饲养家畜、家禽及金鱼、虹鳟鱼、鳖、虾、龟、黄鳝、罗非鱼、鳗鱼、泥鳅、牛蛙、娃娃鱼、蝎子、蜈蚣、蜘蛛、山鸡、鸵鸟、肉鸽、观赏鸟类、蛇等特种养殖动物不可缺少的极好饲料。试验表明，用黄粉虫配合饲料喂幼禽，其成活率可达95%以上；用其喂产蛋鸡，产蛋量可提高20%（彩图1-2）；用黄粉虫喂养全蝎等野生药用动物，其繁殖率可提高2倍。

因此，作为重要的动物饲料蛋白源，黄粉虫的作用是非常显著的，尤其是在观赏宠物界，更是深受宠物养殖爱好者的喜爱。但是如果仅仅把黄粉虫作为一种饲料来利用的话，那只能说是利用了黄粉虫的自然资源的一个方面，并不能充分展示黄粉虫的价值。根据黄粉虫的营养分析，可以说黄粉虫的全身都是宝，最重要的当然是它正在发挥的工业价值、保健价值、食用价值以及美容方面的价值。因此有专家学者对黄粉虫的整体营养做了全面的分析和研究。

1. 黄粉虫的蛋白质含量及其变化特点

黄粉虫的蛋白质含量不是一成不变的，它也有自身的变化规律。首先，在不同的虫期，黄粉虫的蛋白质含量是不同的，总的来说，蛹期由于外面包裹一层厚厚的躯壳，因此在所有的虫态中，它的蛋白质含量是最低的；而成虫由于它的生长发育所需，体内的蛋白质含量是最高的，幼虫期则介于两者之间（表1-1）。

表 1-1 每 100g 黄粉虫的主要营养成分含量

类别	水分/g	脂肪/g	蛋白质/g	碳水化合物/g	硫胺素/mg	核黄素/mg	维生素 E/mg
黄粉虫幼虫	3.7	28.8	48.9	10.7	0.065	0.52	0.44
黄粉虫蛹	3.4	40.5	38.4	9.6	0.06	0.58	0.49

其次，在同一虫态中，不同的生长阶段它们体内的蛋白质含量也有一些区别，研究表明，幼虫期，初龄幼虫和青年幼虫阶段的黄粉虫，由于它们的捕食欲望旺盛，新陈代谢的能力极强，因此它们体内的蛋白质含量也较高，而处于老熟阶段的幼虫，由于它们的新陈代谢能力慢慢下降，加上即将变态的需要，它们体内其他的营养成分相应增加，所以蛋白质含量就降低了。

再次，不同季节黄粉虫的蛋白质含量也有一些变化，这集中体现在越冬幼虫上，由于即将越冬，幼虫为了抵御寒冷、维持越冬期间生命活动的需要，它们的体内就需要储藏大量的脂肪，因此它的蛋白质含量就要降低，比在春、夏、秋季生长的黄粉虫的蛋白质含量要少得多。

> **【提示】** 在利用黄粉虫的生产过程中，就要充分考虑到这种变化特点，以求得最好的效果。例如，在利用黄粉虫作为动物饲料蛋白源时，就要选择处于生长活跃期的幼虫；如果选择黄粉虫作为食品利用时，最好是在春末或初秋时选择青年幼虫。

2. 黄粉虫的必需氨基酸含量

黄粉虫体内的营养丰富而平衡。据研究表明，黄粉虫活性蛋白不仅含有大量对人体有特殊作用的几丁质、抗菌肽防御素和外源性凝集素，还富含人体必需的多种氨基酸、蛋白质、维生素、矿物质元素、不饱和脂肪酸等多种营养成分，且与人体需求的正常比例一致，很容易被吸收和利用。

黄粉虫体内的必需氨基酸种类是比较全面的，它含有人类或其他主要经济动物所需要的主要必需氨基酸，如苏氨酸、丝氨酸、甘氨酸、天门冬氨酸、缬氨酸、胱氨酸、脯氨酸、丙氨酸、谷氨酸、色氨酸、组氨酸、赖氨酸、蛋氨酸、异亮氨酸、亮氨酸、苯丙氨酸、精氨酸、酪氨酸18种主要氨基酸，因此作为饲料来说，对于一些经济动物是非常适宜的。

黄粉虫体内的必需氨基酸含量也是非常高的，例如，黄粉虫蛹体内的谷氨酸含量达到58mg/g，超过蜂蛹和柞蚕蛹的含量；精氨酸的含量达到22mg/g，超过蜂蛹和蚂蚁的含量。

根据联合国粮农组织和世界卫生组织提供的人体所需氨基酸的理想比值来看，黄粉虫的必需氨基酸的比值是最接近的（这个比值的计算方法是以色氨酸为1时，其他的氨基酸与色氨酸的比值）。在这些比值中，黄粉虫成虫、蛹、婴幼儿的色氨酸比值均为1；苏氨酸的比值，黄粉虫成虫为4.94，黄粉虫蛹为5.01，而婴幼儿的需求量为5.01。因此黄粉虫的必需氨基酸比值是所有昆虫中与婴幼儿所需最接近的，如果将黄粉虫的原料与其他的食品合理搭配，经过科学的调配后，就可以生产出优质的婴幼儿营养食品，也可以为运动员或航天员配制特殊的功能食品和保健品，有提高人体免疫力、抗疲劳、延缓衰老、降低血脂、抗癌等功效。

3. 黄粉虫的脂肪含量

昆虫的脂肪含量是比较高的，黄粉虫也不例外，和蛋白质含量一样，黄粉虫体内的脂肪含量变化也有一定的特点，而且这种变化基本上是与蛋白质含量变化成反比的。

1）不同的虫期。蛹期脂肪含量是最高的，成虫体内的脂肪含量是最低的，幼虫期则介于两者之间。在不同的虫期中，脂肪含量变化的上下幅度可达25%左右。

2）同一虫态不同的生长阶段。幼虫期，初龄幼虫和青年幼虫阶段的黄粉虫体内的脂肪含量较低，而处于老熟阶段的幼虫，体内的脂肪含量较高。

3）不同季节。当越冬期脂肪含量是最高的，而其他季节则相对较低。例如，在7月测定黄粉虫的体内脂肪含量为29%左右，而在1月测定时，脂肪含量则上升到42%左右。

【提示】 在利用黄粉虫的生产过程中，也要充分考虑到这种变化特点。例如，在选择黄粉虫作为脂肪源或提取昆虫油时，就要选择进入越冬期的老熟幼虫。

4. 黄粉虫脂肪酸的结构

虽然黄粉虫的脂肪含量高，但是研究表明，黄粉虫的脂肪酸质量非常好，根据科研专家的进一步研究发现，黄粉虫脂肪中的不饱和脂肪酸含量很高，尤其是对人体有益的软脂酸和亚油酸含量很高，是具有极高开发价值的一种功能性食用保健脂肪酸。

5. 黄粉虫的微量元素含量

黄粉虫体内含有丰富的微量元素（表1-2），但是这些微量元素很少能自身在体内生成，主要来自于饲料。微量元素的含量与种类会因不同的饲料种类和不同的产地而有所不同，可以这样说，投喂黄粉虫饲料中的各种微量元素与虫体内富积的微量元素是成正相关的。例如，在饲料中拌入一定量的亚硒酸钠，把这种饲料投喂给黄粉虫，经过一段时间的喂养后，硒元素就会在黄粉虫的身体内富集，经过虫体的进一步吸收后，就可以转化为生物态硒，因此人们可以通过这种转化方式来定性、定量地生产富硒食品。

表1-2　黄粉虫体内微量元素的含量　　（单位：10mg/kg）

类别	钾	钠	钙	磷	镁	铁	锌	铜	硒	锰
幼虫	1370	65.6	138	683	194	6.5	12.2	2.5	46.2	1.3
蛹	1420	63.2	125	691	185	6.4	11.9	4.3	47.5	1.5

注：硒含量以10μg/kg计。

黄粉虫正是由于具有这种超强的富集微量元素的能力，因此就可以通过饲料作为介质，把需要的一些有益的微量元素导入到虫体内，再用这种经过处理的黄粉虫来饲喂畜禽、水产动物，获得所需要的优质农产品了。由于黄粉虫体内的锌、铜、铁等有益元素的含量比常规肉类食品都高出很多，而且可以通过它按照预设的目的来进行富集，因而黄粉虫也是一种有益微量元素转化的"载体"，可将无机物转化为生物态的人体必需的物质，并可定向、定量生产。

但是，黄粉虫的这种对微量元素的强富集能力是把双刃剑，虽然它一方面可以富集有益的元素，但另一方面，那些有害元素也是可以通过饲料富集到黄粉虫体内的，所以，在饲养黄粉虫时，必须抓好对饲料源头的控制和饲料质量的把关。

三 研究和开发黄粉虫的意义

1. 黄粉虫是重要的蛋白源

黄粉虫是优质的饲料蛋白源，据测定，黄粉虫的蛋白质含量相当高，而且各营养成分平衡，氨基酸组分合理，含有全部的必需氨基酸，所以，在蛋白源日趋紧张的现在，黄粉虫这种饲料生物无疑是最主要的优质蛋白源之一。

进入21世纪后，蛋白质的短缺，越来越显现出来。随着名特优、新奇水产品养殖及各种优质高效珍禽养殖的迅速发展，黄粉虫的作用及养殖也越来越受到重视。生产实践已经证明，以黄粉虫为主要饲料进行养殖的经济动物，不仅能节约大量动物蛋白源，而且它们的生长速度很快、个体成活率也非常高。例如，用黄粉虫饲养观赏龟时，发现投喂黄粉虫的乌龟个体成活率几乎达到100%，另外，经常食用黄粉虫的经济动物，它们自身的抗病能力大大增强，在养殖过程中很少发生病害。一些专家也曾对黄粉虫的饲料应用效果进行过跟踪研究，发现在动物繁殖前合理投喂黄粉虫，能有效地提高它们的繁殖能力，这一点已经在山鸡、土鸡等珍禽养殖方面得到体现，在山鸡、土鸡产蛋前科学投喂黄粉虫，可以使它们每月产蛋量提高2枚左右，而且鸡蛋的孵化率能提高6%左右（图1-2）。

图1-2　给鸡喂黄粉虫效果显著

另外，黄粉虫可以开发成人类新的动物蛋白源，它的体内不仅蛋白质质量好，而且所含的各种营养元素的含量也十分丰富，因此它常常被人们作为新的食品。在国外许多地方就有油煎黄粉虫的习惯，在街头巷尾也可见人们手拿着或烤或煎的黄粉虫。在我国除了香港和广东等地外，其他地方品尝黄粉虫的还不多，因此其市场开发前景是非常巨大的，人们完全可以经过科学的方法，采取更加安全的措施来加工开发黄粉虫食品，让这种美味可口、营养丰富的食品走进千家万户。

2. 黄粉虫代替鱼粉的可行性

研究和生产实际表明，黄粉虫作为饲料添加剂和动物蛋白源，完全可以替代优质鱼粉。从以下三方面分析：

（1）营养方面　黄粉虫比优质鱼粉还具有优势，黄粉虫蛋白质含量高，氨基酸丰富全面，搭配合理，还含有丰富的维生素及矿物微量元素等。另外，鱼粉里的鱼刺及骨头需要另外加工才能被应用，而黄粉虫的整个虫体可以一次性全部加工成动物蛋白，营养价值更高。

（2）来源方面　鱼粉主要是依靠鱼类，由于长期以来人们对于大自然的过度索取，包括对海洋资源的酷渔滥捕，加之海洋环境受到了不同的污染，生态环境也受到了一定的破坏等多种原因，渔业资源已经受到了严重破坏，具体体现在海洋捕捞业正在萎缩，捕鱼量逐年下降。另外鱼类的增殖生长周期相对较长，至少需要一年甚至多年才能恢复。由于世界鱼粉资源衰竭，市场供应趋紧，导致价格不断上涨。

而黄粉虫具有繁殖速度快、一年可繁殖多次、每次繁殖的生物量大等优点，是一种优质的再生性资源。另外，养殖黄粉虫具有生产投入少、成本低、见效快的优势，既不需要大型的机械设备，也不需要远洋作业，更不需要太多的工人，只需几间房屋、简单的设备、一两个工人甚至自己在工作之余就可以满足生产要求，因此开发前景广阔，完全可以取代鱼粉。

（3）研究方面 正是由于鱼粉的产量受到了各种条件的限制，为了以畜牧业为代表的养殖快速、健康地发展，许多国家将人工饲养昆虫作为解决蛋白饲料来源的主攻方向，这就从理论上为取代鱼粉做好了基础。我国在 20 世纪 50 年代就有利用昆虫养家禽的尝试，20 世纪 70 ~ 90 年代开展了许多相关研究，取得了较大成果，尤其是对黄粉虫等昆虫大量繁殖的研究，其生产技术已用于工厂化生产，目前黄粉虫已成为主要的饲料昆虫，这也从实践上做好了取代鱼粉的范例。

3. 黄粉虫适合动物的营养需求

黄粉虫既可以直接为人类提供蛋白质，也可以作为蛋白质饲料的主要原料之一为名优动物产品和畜牧业提供优质的动物蛋白源。近 20 多年来，我国已开展了这方面的研究，并获得了较大的进展。经过许多专家和科研人员的一系列人工杂交和筛选，我国已经获得符合某种特定养殖对象的某发育阶段营养需要的、饵料效果好的黄粉虫新品种。该品种在营养上具有特异优点，不但营养价值高，容易被消化吸收，而且对养殖动物有促进生长发育和防病的作用。

4. 黄粉虫驯养、诱集珍稀动物效果好

黄粉虫的蛋白质含量高，氨基酸的比例也比较合理，脂肪的质量和微量元素的含量都比鱼粉好，更重要的是，黄粉虫的幼体可以直接以活体的方式投喂给动物，不需要经过任何处理，因此黄粉虫常常被用来驯养、诱集珍稀动物，如昂贵的小鸟、蜥蜴、宠物蛇等。

根据分析，黄粉虫体内含有特殊的气味，诱集一些珍稀动物的效果极佳而且在动物体内易消化，养殖经济动物的成活率较高。例如，在室外池塘养鱼时，常使用鲜活的黄粉虫来驯化鱼类，鱼群易集中抢食。在人工养殖鳝鱼时，刚从天然水域中捕获的野生鳝鱼具有拒食人工饵料的特点，因此驯饵是养殖成功的关键技术。可以使用鲜活黄粉虫，采用递减投喂法进行人工驯饵，方法是将野生黄鳝捕捉后，先投喂它喜欢的鲜活黄粉虫，然后逐渐减少鲜活黄粉虫的量，将部分黄粉虫拌在饵料内投喂，一周后，同时减少活虫量和在饵料内的添加量，就这样经过20多天的驯饵，可以使黄鳝吃食人工饵料，效果明显。

5. 采用黄粉虫养殖的经济动物风味好

这一点在水产养殖业上应用较为明显，例如，用黄粉虫养出的鲤鱼，体色有光泽，肉质细嫩、洁白，口感极佳，肥而不腻，比用人工饲料强化喂养的鲤鱼好得多，而且没有特殊的泥土味；用黄粉虫饲喂的河蟹比单纯用人工配合饲料饲养的河蟹，其生长速度快，个体规格大。

6. 黄粉虫可使观赏动物体色艳丽

我国观赏动物，如观赏鸟、观赏鱼、观赏龟等养殖越来越多，观赏动物的赏析越来越被重视，对它们的体质和体色要求也越来越讲究，黄粉虫中分别含有大量的氨基酸和微量元素，它们是天然着色剂，用来喂养观赏宠物，能使它们抵御疾病的能力增强，体态更加丰腴美观，色泽更加亮丽鲜艳，增色效果明显而且不易脱色。

黄粉虫在宠物界的饲料里占有重要的地位，尤其是作为观赏鱼的主要饲料，已经被广大观赏鱼养殖户所接受。我国每年出口的黄粉虫中，基本上都是以干品的形态出口，主要的用途就是用于养殖观赏鱼和其他的宠物。作为人们喜好的观赏鱼饲料来说，黄粉虫具有它自身独特的优势。

7. 黄粉虫开辟了利用和转化以农作物秸秆为主的农业有机废弃物资源的新途径

黄粉虫能转化秸秆等农业废弃物为有用物质，这是因为农村常见的秸秆等废弃物是黄粉虫的良好饲料。

我国是传统的农业大国，每年伴随着各种农作物的丰收而产生的秸秆、藤蔓达6亿多吨，这些秸秆类被充分利用的只是很少一部分，用作大型牲畜如牛、羊、驴、马等饲养消耗不足20%，用作烧柴的不足10%，其余均被当场焚烧或长期堆积自然腐烂。每到收获季节，便看到到处是秸秆焚烧的野烟，既造成资源浪费，又污染环境。因此如何利用和转化这些有机废弃物，并使之产生一定经济效益，是各级政府的工作重点之一，也是广大农民的热切盼望。这些年来各地频频出招"禁烧令"，却往往是有令无行，这主要的原因就是大量的秸秆处理无方，因此通过黄粉虫利用和转化这些以农作物秸秆为主的农业有机废弃物资源无疑是一条崭新的有效途径。据统计，安徽省每年生产农作物秸秆废弃物9200万吨，如将80%用来饲喂黄粉虫，农民售秸秆将获得一笔十分可观的收入，而取得的环保及生态效益则是不可估量的。此外，生活垃圾及畜禽粪便也可以作为黄粉虫饲料成分加以转化和利用。

【提示】　在利用和转化农作物秸秆时，重要的一点就是饲养黄粉虫不消耗粮食，同时可将大畜禽不能转化的饲料转化为优质高蛋白饲料。人们可以充分利用饲养黄粉虫这种小昆虫为跳板，进而用优质的黄粉虫作为主要的饲料源或添加剂来饲养各种畜禽和多种多样的特种经济动物。通过黄粉虫这个中间环节，解决了长期不能解决的"人畜分粮"问题。将传统的"单项单环"式农业生产模式转化为"多项多环"式农业生产模式。使农业生产自身形成产业链条，为农业产业化开辟了一条新路。

四　国内外对黄粉虫的开发利用

1. 国外利用黄粉虫的情况

人类与昆虫交往的历史，基本上是一部为争夺食物而战斗的历史，随着科学的发展、历史的进步，人们开始从另一个角度重新来审视这些昆虫，发现它们是目前地球上尚未被充分利用的最大的生物资源。研究昆虫资源、利用昆虫资源、开发昆虫产业，正成为新世纪全球性的热潮，目前，国际上一些发达国家，已经把开辟新的蛋白资源的途径转向昆虫。为了研究利用黄粉虫，这些国家还成立了专门的研究机构，进行深入而系统地研究与利用，据资料表明，最早研究黄粉虫并取得相当出色成绩的国家有法国、日本、德国、澳大利亚、俄罗斯、新西兰和墨西哥等。他们的研究方向和内容主要是黄粉虫生产饲养技术，人工养殖的饲料供应，黄粉虫的药用价值、食用价值、保健价值、工业价值和饲料价值等方面的探索，尤其是对黄粉虫酶系生化生理的研究较多，现在也已经取得了很多的成果。

例如，美国已开发了上百种昆虫蛋白资源，生产出了不同种类的昆虫食品并已投放市场，备受人们青睐。在墨西哥、法国、澳大利亚、新西兰等国家家庭的餐桌上，"黄粉虫菜"非常普遍（图1-3）。另外，以黄粉虫为原料制作的药品和保健品也深受人们的欢迎，英国、西德一些昆虫食品开发商已开发生产了十几种"昆虫饲料"。美国到1997年为止，已建立了12家国际及民间科研机构，从事昆虫的养殖及加工研究，形成了昆虫的基础研究→应用研究→开发研究的科研体系，他们的主要研究工作是将黄粉虫资源物质分离纯化，研制成各种生化制品，如以几丁质（甲壳素、壳聚糖）为原料的产品——果蔬增产催熟剂、美容化妆品、保健品等。

图1-3　黄粉虫菜

从大的方面来看，在国外目前黄粉虫主要还是用在宠物饲养上。例如，黄粉虫干品可以作为宠物狗、猫、鸟、蜥蜴饲料的添加剂，按比例把黄粉虫干品加入饲料中既可以替代鱼粉的添加，又可以预防疯牛病、口蹄疫和禽流感等传染性疾病的扩散。另外，黄粉虫还是各种观赏鱼、观赏龟的天然饵料。

根据国外的研究资料表明，由于黄粉虫蛋白质具有特殊的功能，目前已经开发成作为寒冷地区饲料、药品、车用水箱及工业用防冻液和抗结冰剂的重要添加剂之一。

2. 国内开发黄粉虫的情况

国外研究和应用黄粉虫的历史已经有 100 多年了，国内外著名动物园都用其作为繁殖名贵珍禽、水产动物的肉质饲料之一。而我国对黄粉虫的利用和研究只有不到 60 年的历史，因此在开发应用和新领域利用方面还是和国外有一定的距离的。

1952 年，我国从前苏联首次引进黄粉虫，主要用来饲喂一些珍稀飞禽，后来渐渐用于一些药用动物和其他经济动物的饲料，同时也用于教学研究。1955 年左右，黄粉虫不断向社会扩散，渐渐流向当时北京的官园花鸟鱼虫市场，成为宠物的好饲料。这时的黄粉虫养殖还是小打小闹，主要是自发地为自己家中的鱼、鸟服务，多余的一部分用来出售赚钱。

随着人们对黄粉虫认识和开发的进一步加深，黄粉虫在我国的应用渐渐地上升了一个台阶，从 1981 年开始，人们在养殖蝎子时，发现黄粉虫是最佳的饲料来源，于是就有养殖户专门养殖黄粉虫来进行蝎子的养殖。到了 20 世纪 90 年代，人们开始认识到各种珍稀动物的保健作用，纷纷养殖甲鱼、蛤蚧、牛蛙、林蛙、蝎子等特种经济动物，这时对黄粉虫的饲料需求有了进一步的提高，这一时期还是作为饲料使用，进一步得到了社会的重视，但规模小、分布狭窄、产量低、利用率不高。

20 世纪末，全球对昆虫的利用有了重新认识，这时的黄粉虫在我国养殖也有了质的飞跃，已经有专门的生产专家和养殖场进行培育，一些科研工作者也加入到这方面的研究中。

进入 21 世纪，黄粉虫的研究更是突飞猛进，在 2001～2003 年期间组织实施的农业部丰收计划项目《黄粉虫工厂化生产技术的示范应用》在 2003 年 8 月通过鉴定。

国内对黄粉虫资源开发利用的探索经历了小规模散养和工厂化生产、加工、利用两个阶段，目前正向深加工、广应用阶段发展。黄粉虫资源的人工生产养殖利用将逐渐向规模化、专业化、标准化与综合利用深加工方向发展，同时与黄粉虫饲养有关的生物饲料、饲养器具、分离设备也在配套发展。

现在我国对黄粉虫的应用范围已经大大延伸到多领域中，在产业化研究中，我国科研工作者们系统测试了黄粉虫各种不同虫态的蛋白质、脂肪、几丁质（甲壳素）、矿物质和微量元素的含量，对昆虫源蛋白、几丁质、壳聚糖在医药、保健品、食品、化妆品、纺织品或农林果蔬增产剂等制造业中具有的诸多用途前景做了探讨，主要表现在以下几个方面：黄粉虫是替代鱼粉的优质蛋白饲料，昆虫蛋白可以用于生产食品、氨基酸生物肥、天然蛋白丝等，其营养成分可与进口优质鱼粉相媲美，而生产成本远远低于鱼粉；黄粉虫是优质的油脂产品来源，昆虫油脂可应用于食用、饲用、医用、工业用生物柴油等；以黄粉虫鲜虫体或脱脂蛋白为原料开发的食品、饲料、调味品不断涌现；黄粉虫蛹罐头和黄粉虫菜肴已经出现；黄粉虫虫蜕是生产甲壳素的优质原料，其钙质含量远远低于虾、蟹壳，加工难度大大降低；虫粪沙作为饲料、生物有机肥的菌体吸附剂，是良好的有机肥料。

🔵 【提示】 目前，政府和有关专业技术部门高度重视昆虫资源开发与利用的产业化问题。

概 述 第一章

——第二章——
黄粉虫的生物学特性

第一节　黄粉虫的形态特征与近缘种

一　外部形态

　　黄粉虫像蝴蝶一样是一种完全变态的动物，其整个生长发育过程分为成虫、卵、幼虫和蛹4个阶段，因此它的外部形态是随着不同时期、不同生长阶段而有所不同的。通常所讲的黄粉虫也就是它的幼虫体，体形像家蚕，体长在30mm左右，身体有黄褐色的光泽，身体的体壁比较坚厚（彩图2-1）。

二　黄粉虫的近缘种

　　黄粉虫在全世界分布很广，据资料表明，目前已经记录的有25种。我国已记载种类有黄粉虫和黑粉虫两种，成虫前者有光泽，后者无光泽；幼虫前者为黄褐色，后者为暗红带黑褐色。它们作为谷物害虫曾在全球传播，而黄粉虫经过人工培养，已能为人类利用。

1. 黑粉虫

　　黑粉虫（*Tenebrio obscurus* Fabricius），是黄粉虫最主要的近缘种，俗名大黑粉虫，又叫拟步甲、伪步行虫，体形大小与黄粉虫基本相同，它们两者是同属异种，十分相似。黑粉虫和黄粉虫一样都是仓库重要的害虫，主要为害粮食、油料、鱼、肉制品、药材及各种农副产品，往往在仓库的墙角、柜底潮湿的地方见到它们的踪迹。

黑粉虫和黄粉虫虽然相似，但还是有相当大区别的，区别主要见表2-1。

表2-1　黑粉虫和黄粉虫的区别

虫态	区分部位	黄　粉　虫	黑　粉　虫
幼虫	体长	体长28～36mm，宽4～6mm	体长34～37mm，宽4～5mm
	体色	背板黄褐色，臀部各节背中部及前后缘为黄褐色，腹面及节间为浅黄白色	背板黑褐色或暗红褐色，臀部各节为黑褐色，腹面及节间为黄褐白色
	触角	第二节触角的长要比宽大3倍	第二节触角的长要比宽大4倍
	刚毛	靠近内唇的两侧均有刚毛，其余地方无刚毛，每侧各有3对计6根刚毛	靠近内唇的两侧均有刚毛，其余地方无刚毛，每侧刚毛不成对，约3根刚毛
	刺	在前足转节的内侧有两根刺状刚毛	在前足转节的内侧有一根刺状刚毛
	腹节	第九节宽超过长，尾钩的长轴和背面形成几乎不钝的直角	第九节宽不超过长，尾钩的长轴和背面形成明显的钝角
成虫	体长	体长14～19mm，宽6～8mm	体长16～20mm，宽8～9mm
	体色	赤褐色，有脂肪样的光泽	深黑色，无光泽
	体形	较圆滑	较扁平
	触角	末节的长大于宽，第三节短于第一节和第二节之和	末节的长小于宽，第三节几乎等于或略长于第一节和第二节之和
	前胸	前胸宽略超过长，表面有刻点	前胸宽略短于长，表面有刻点且密集
	鞘翅	鞘翅有刻点，行列间没有大而扁的刻点	鞘翅有刻点且极为密集，行列间有大而扁的刻点，从而形成明显的、隆起的脊
	分布区域	主要分布在我国北部地区	分布广，我国各地均有

（续）

虫态	区分部位	黄 粉 虫	黑 粉 虫
成虫	活泼程度	一般	很活泼，爬行迅速
	产卵能力	大，每年繁殖2~3代	小且成活率低，平均每年繁殖1代
	饲料利用率	高	低
	人工养殖周期	短	长

由于黑粉虫的人工养殖周期较长，产卵能力也远远比不上黄粉虫，因此养殖经济效益不如黄粉虫明显，所以专门养殖黑粉虫的养殖户并不多，有一部分养殖户是在饲养黄粉虫的同时顺带养殖一小部分黑粉虫，因此在选择养殖对象时，为了经济效益，还是要放弃对黑粉虫的养殖。

2. 大麦虫

大麦虫，又称为超级麦皮虫或超级面包虫，属于节肢动物门、昆虫纲、鞘翅目、拟步甲科昆虫，大麦虫以麦麸皮为主要饲料，因此称为大麦虫，在我国目前主要用于高档宠物如名贵金龙鱼、银龙鱼等高级观赏鱼类的专用活饵料。随着生产养殖技术的成熟，社会养殖量逐渐增加，价格趋于平缓、稳定，尤其是其营养丰富、容易消化、适口性好等优点，开始逐步向各类人工饲养爬行类宠物（壁虎、蜥蜴、龟等）推广应用。

大麦虫与黄粉虫外形相似，大麦虫的老熟幼虫最大体长能达到6cm左右，比一般的黄粉虫体长大2~3倍之多，其营养价值更是远远超出幼体蟋蟀和黄粉虫。

大麦虫和黄粉虫一样，是完全变态的昆虫，一生历经卵、幼虫、蛹、成虫4个阶段，从卵孵化到成虫羽化需要3个多月的时间。成虫体色变黑即为性成熟，具有持续交配和产卵的习性。雌性成虫体形比雄性成虫个体明显偏大（彩图2-2）。

虫卵的孵化周期温度在30℃时需要3~5天，15~20℃时为7~10天，低于10℃时几乎不孵化。

不同的饲料直接影响幼虫的生长发育。合理的饲料配方，较好的营养，可以促进幼虫取食，加快生长速度，降低养殖成本。幼虫的饲料比较简单，初孵化出的小幼虫约 2~3mm，体壁柔软、颜色为白色，刚孵化出的小幼虫因体积较小，所以要适当地添加一些精饲料，如小麦粉、大麦粉等。

幼虫喜好黑暗、怕光。幼虫蜕皮时常爬浮于群体表面。初蜕皮的幼虫为乳白色，十分脆弱，也是最易受伤害的时期。约2h后逐渐变为黑褐色，体壁也随之硬化。

虫蛹生长过程中，体表颜色先呈乳白色，第一次蜕皮后变为黄褐色，以后每 6~10 天蜕皮 1 次，虫蛹期共蜕皮 6~10 次。幼虫30日龄时在饲料中化蛹，室温20℃以上，蛹经 10 天蜕皮变为成虫。

大麦虫成虫后翅退化，不能飞行，爬行速度快，附着能力强。它是负趋光性动物，性喜黑暗，怕光，夜间活动较多。成虫的寿命一般为 140~180 天，雌虫交配2~3天后，在取食并生存其中的麦麸糠杂中产卵，并且多次交配多次产卵，雌虫产卵高峰为羽化后的 15天左右。成虫繁殖期 40~60 天，雌虫产卵量为 400~1600 粒，平均产卵量为 600 粒/只（彩图2-3）。

大麦虫的食性非常杂，与黄粉虫相似，麦麸、各种果菜残体、人工饲料、动物尸体均可采食。目前人工养殖以麦麸为主料，添加各种果菜残体，补充味精、糖、维生素、鱼粉、骨粉等；水分的获得主要通过根茎类、厚叶片类蔬菜及瓜果皮的采食补充，以免环境过于干燥而导致虫体死亡。

3. 杂交种

有部分养殖户和科研专家在对黄粉虫和黑粉虫混养过程中发现，有一种既黄又黑的幼虫大量出现，这个品种就是黄粉虫和黑粉虫的杂交种，它具有明显的杂交优势，一些专家研究后表明，这种后代的生长速度比双亲都快，而且生活能力更强，这对黄粉虫的增殖是大有好处的，可以为解决黄粉虫资源的退化提供一种新的思路。

第二节　黄粉虫的生活史

黄粉虫是一种完全变态的昆虫，它的生活史（指一个生长周期）可分为卵—幼虫—蛹—成虫4个阶段,各阶段的特点如下(彩图2-4)。

一 卵

卵呈椭圆形,近似乳白色,聚团状,每粒卵约有芝麻粒大小。黄粉虫卵很小,肉眼不易看清,一般卵长径1～1.5mm,短径0.5～0.8mm,卵外被卵壳,卵壳薄而脆软,起保护作用,极易受损伤。卵由成虫产出,在成虫产卵时,往往先产成一条直线,由于虫量较多,最后由众多的成虫产出的卵集片成群,这时就需用接卵纸接住虫卵,以方便孵化。但有少量成虫的产卵行为不正常,会把卵产在饲料中,这时就要用专用的筛网及时筛选并分离出虫与卵及虫粪与卵,再进行孵化。

根据研究表明,黄粉虫的卵很柔软,也很脆弱,极易破裂,因而在运输时一定要小心。卵的内部结构可分为卵壳、卵核、卵黄、原生质。卵虽然易破裂,但是在生产中发现一个奇特的现象,就是卵壳一旦破裂后,就会立即分泌出卵液,这种卵液很有黏性,它会迅速黏合虫粪或食物,从而在卵的周围形成一屋保护层,起保护作用,这可能就是黄粉虫在大自然中为了自身的生存而形成的一种特殊本领。

卵要放在专门的孵化箱内孵化,孵化时间随温度而异,孵化时适宜温度为19～26℃,孵化时适宜湿度为78%～85%。当温度在25～30℃时,卵期为5～8天;当温度在19～22℃时,卵期为12～20天;当温度在15℃以下时,卵极少孵化甚至不孵化。

⚠ 【注意】 成虫在缺食时会吞食自己产下的卵,这一点非常重要,因此在养殖时要随时取出产出的卵。

二 幼虫

破壳孵化出来的小虫至蛹化前,统称为幼虫,幼虫期为76～201天,平均生长期为120天,刚刚孵出的幼虫呈银白色,十分脆弱,也不宜观察,体长仅为2～3mm,孵出10h后逐渐由白转黄,以后随着日龄的增加,体长也逐渐增加,约20天后,全部变为黄褐色,无大毛,有光泽,体壁亦随之硬化。各龄幼虫初蜕皮时为乳白色,随着生长，体色加深，逐步变为黄白色、浅黄褐色。成熟的幼虫虫体呈圆条形，身体直，皮肤坚，前后粗细基本一致，体径为 4～6mm，体长为 28～36mm，从头到尾共分 13 节，第一节为头部，第 2～4 节为胸部，头胸所占虫体的比例较短，约为身体的 1/5。第 13 节为肛门，其余几节为腹节，节间和腹面为黄白色，各节连接处有黄褐色环纹，头壳较硬，为深褐色。头缝呈"U"字形，嘴扁平。尾突尖，向上弯曲。值得注意的是，各龄幼虫处于蜕皮时均为乳白色，每 4～6 天蜕皮一次，身体增长一次，在蜕皮 5h 后，体色会渐渐转变为黄白色、浅黄褐色，直到最后的黄褐色。幼虫缺食时会互相残杀。幼虫也就是常说的黄粉虫，也就是利用价值最高的阶段，可用箱、桶、盘和水泥池养殖。

> ● 【提示】 幼虫长到 65 日龄时，体重已达高峰，此时可以出售或使用。

三 成虫

黄粉虫的成虫也叫黄粉甲，俗称蛾子，是一种甲壳类的虫体，性喜黑暗、怕光，夜间比白天活动多。蛹在 25℃ 以上经过一星期后就可以蜕皮成为成虫。自蛹羽化后大小基本不变，只有体色由浅变深。初羽化的成虫壳先为乳白色，头橘色，甲壳很薄，呈椭圆形，经过 10～25h 后颜色由白变黄，最后变成黑褐色，甲壳变得又厚又硬，这时就完全成熟了。成虫体长 14～19mm，宽 6～8mm，成虫羽化后 4～5 天进入性成熟期，开始交配产卵，成虫可多次交配，多次产卵。

> ⚠ 【注意】 成虫繁殖的适宜温度为 25～30℃，低于 5℃ 时进入冬眠状态，高于 39℃ 就死亡，因此在养殖过程中，一定要把好温度关。

成虫的虫体结构要比幼虫复杂一些，分为头、胸、腹 3 部分。成虫头部比幼虫头部多长出一对触须，并且是幼虫面的五倍长。成虫体表多密集黑斑点，无毛，有光泽，复眼，红褐色。足 3 对，1 对长在前胸部，另外2对长在腹部，足长比幼虫长8～10倍。每个足尖有两个钩爪，足趾上有毛刺。背部翅膀上有竖纹若干条。触角念珠状，11节，触角末端长大于宽；第一节与第二节长度之和大于第三节的长度；第三节的长度约为第二节长度的两倍。成虫虽然有一对漂亮的翅膀，但是它的前翅角质加厚成为身体的保护器官，后翅退化（一般甲虫类飞行都是用后翅），所以黄粉虫成虫不能飞行，翅膀一方面保护身躯，另一方面还有助于爬行。

成虫阶段为黄粉虫的繁殖期，是黄粉虫生产的重要阶段。在适宜的温湿度条件下，每年繁殖3～4代，且世代重叠，无越冬现象。成虫一生中多次交配，多次产卵，交尾时间是在晚上8：00～凌晨2：00，每次产卵5～40粒，最多50粒。每只雌成虫一生可产卵280～370粒，其产量高峰为羽化后的60天以上。雌成虫寿命34～127天，雄成虫寿命39～82天。在华东地区，黄粉虫的最佳产卵季节为4～6月和9月中旬～11月上旬这两个阶段。若科学管理，可以延长产卵期和增加产卵量，如利用复合生物饲料，适当增加营养，且提供适宜的温湿度，产卵量最多可提高到800粒以上。

四　蛹

昆虫蛹是一个相对静止的虫态。幼虫长到50天后，长为15～19mm时，已经长为老熟幼虫了，这时裸露于饲料表面开始化蛹，蛹初为白色半透明，体较软，隔日后渐变褐色后变硬，无毛，有光泽，鞘翅伸达第三腹节，腹部向腹面弯曲明显，紧贴胸部。蛹的两侧呈锯齿状或"八"字形，有棱角。成蛹以后，颜色由白色转为黄色，头大尾小，不吃也不动，这时要将蛹从培养箱或盘中移出并放进产卵箱，以免被幼虫咬死，蛹经10天变成成虫。蛹生长的适宜温度为26～30℃，适宜湿度为75%～85%。蛹在6～8天即可羽化。

⚠ 【注意】　蛹期为黄粉虫一生中最为脆弱的阶段，必须高度重视。

蛹的活动只能靠扭动腹部进行，不能爬行。蛹期是黄粉虫死亡最主要的危险期，也是生命力最弱的时期，因为身体娇嫩，不食不动，缺乏保护自己的能力，很容易被幼虫或成虫咬伤。只要蛹的身体被咬开一个极小的伤口，就会死亡或羽化出畸形成虫。另外，幼虫阶段高龄期（化蛹前）也是容易死亡的时期。因为该阶段生命代谢旺盛，取食量大，生长迅速，易于感染病原菌而死亡。

第三节　黄粉虫的内部结构

黄粉虫与大多数的节肢动物一样，属于体腔血液循环系统，在骨骼系统上属于外骨骼。了解黄粉虫的一些主要内部结构，揭示黄粉虫的生命现象和机能规律，对于解决生产实际中遇到的一些问题极有帮助，例如，通过了解黄粉虫的肠道结构，可以充分了解黄粉虫的摄食习性，能在生产中为其提供最好的食物。这里就简要地介绍一下黄粉虫的基本内部结构。

黄粉虫的内部生理系统包括消化系统、生殖系统、神经系统、呼吸系统、循环系统、体壁系统、内分泌系统等，其中对生产有直接影响的主要是消化系统和生殖系统，本节主要介绍这两种系统。

一　消化系统

由于黄粉虫是完全变态的昆虫，因而它们各期的消化系统是有区别的，蛹期基本上是不活动的，消化系统对于生产上基本上是没有意义的，卵期的消化是在内部进行，对于生产上也没有多大的意义，故主要说明幼虫和成虫的消化系统。幼虫是呈长圆筒形，与之相适应的就是它的消化道也是平直而且很长的，几乎贯穿整个躯体，前肠和中肠发达，主要完成食物的消化和吸收功能。而成虫是甲壳状的昆虫，体短，所以与之相适应的消化道也比较短，但是它的肠壁质地较硬，尤其是中肠较发达，成虫依靠它主要完成食物的消化和吸收功能。

由此可见，成虫的消化系统是不如幼虫的，所以在为它们提供食物时，也应有区别，在幼虫期可以多提供一些含有水分的蔬菜或者是颗粒较大的食物，在生产实践中，发现黄粉虫的幼虫对食物不挑剔，几乎可以食用常见的所有东西，如腐败的有机物、废弃的有机物、各种动植物的尸体，甚至毛发、塑料、纸张、木材等它都能

第二章　黄粉虫的生物学特性

食用。而成虫则对食物的挑剔性很强，这就要求在生产中应将成虫饲料的营养成分提高一些，加工得更加精细一些，给成虫通常喂麦麸就是这个道理。在具体的日常投喂时，要讲究"少量多次、不欠不剩"的原则。

二　生殖系统

黄粉虫的繁殖能力是很强的，所以它的种群也是很大的，这对于黄粉虫的增殖是大有益处的，也是养殖户们所期待的，这种繁殖能力就是以它的生殖系统的生理机能为基础的。

黄粉虫的生殖系统包括雌性生殖系统和雄性生殖系统，是产生卵子或精子、进行生殖交配、完成种族繁衍的器官。生殖系统主要分为内、外两个部分，也就是外生殖器官和内部生殖系统，外生殖器官基本上是由腹部末端的几个体节和一些附肢组成，位于身体腹部。而内部生殖系统还包含生殖腺和附属腺，位于腹腔内，结构相对比较复杂，这是与它们的使命相关的，主要功能就是释放生殖激素，产生生殖细胞，并通过吸收营养成分来完成生殖细胞的生长发育。到了一定时候，就通过一系列生殖行为将生殖细胞进行雌雄配合并排出体外，进行卵期发育。

雄性生殖系统：含有 1 对管状附腺和 1 对豆状附腺，睾丸 1 对，内含许多精珠，每个精珠内储存有近百个精子，射精管 1 个，阴茎 1 个。雄虫自羽化后第 6 天就可以通过解剖镜清晰地看到这些发达的附腺和睾丸，在交配时，通过神经系统的支配，睾丸内的精珠在两对附腺的帮助下，与附腺产出的产物一起从射精管中排出，与雌虫的卵子结合。通过相关科研表明，在排放精珠的过程中，两对发达的附腺功不可没，它们通过不断地伸缩，向射精管输送液体，这种液体可能是起润滑作用的，有助于射精的快速完成和输送精液的作用。据资料表明，一只雄虫一生可交配 3～6 次，每次可产生精珠 15～40 个，计产生精子约 3000 多个。

雌性生殖系统：雌性生殖系统比雄性生殖系统要发达一些，它主要由卵巢、输卵管、侧输卵管、排卵管、受精囊和附腺组成。

随着雌虫羽化，它体内的生殖系统就发生一系列的生理变化，主要是向着成熟方向发展，刚羽化的雌虫，生殖系统是严重不发达的，从羽化第 6 天开始，生殖系统会发生特别大的变化，标志着生殖功能已经开始具备，到了第 15 天，生殖腺发育良好，已经达到产卵盛期，两侧的输卵管内会聚集着大量的成熟卵子，卵巢也不断地分裂发育成幼小的新卵，在这期间如果遇到雄虫的刺激，雌虫神经系统就会发出指令，让雌虫做好生殖准备。每次交配时，雄虫输出精珠，雌虫会将精珠存入贮精囊中，这时会有卵子通过，贮精囊内的精珠会及时释放出 1 个或多个精子，卵子受精后，形成受精卵，排出体外继续完成卵的发育。当雌虫体内的精子及精珠用完后，雌虫会重新寻找雄虫并与之完成新一轮的交配活动，以不断获得新的精珠和精子，如此多次，整个群体就完成生殖行为。

> 【提示】 雌虫在排卵 28 天左右，如果没有大量的新鲜能源补充时，卵巢就会渐渐萎缩退化，如果此时能持续补充充足的能量，可促进雌性生殖系统尤其是卵巢的继续发育，可以重新产生大量的优质卵子，以供下一次的生殖行为之用，所以说在成虫的繁殖期间，一定要提供充足的优质饲料，这不但可以提高卵子的数量，而且对卵子的质量也大有好处。

三 其他结构

其他结构包括神经系统、内分泌系统、体壁系统等，对于黄粉虫自身来说，是非常重要的，但对于养殖者而言，就显得没有太大的意义，因此在这里就不做重点介绍。

第四节 黄粉虫的生活习性

一 变态习性

黄粉虫是完全变态的昆虫，它具有变态的习性，一生要历经四次不同的形态，即小而圆的卵期、大而娇嫩的蛹期、长圆形的幼虫期、甲虫状的成虫期。每次变态前，它们都有一些明显的征兆，例如，体色变白，活动减弱，爬到饲料上等行为，变态前基本上不摄食，变态后的短时间内体质非常娇弱，极易受到伤害。了解这些变态前的行为，可以有效地采取措施，加强保护，提高它们的变态成活率。

在自然界，一般黄粉虫 1 年发生 1 代，以幼虫的形态越冬。有时也有两年发生 1 代或 1 年发生两代的现象，但很少见。在人工养殖条件下，黄粉虫可周年繁殖，一年可发生 3 ～ 4 代，世代重叠，最多可达到重叠的 6 代，无越冬现象，冬季仍能正常发育。

黄粉虫各虫态的经历时间长短与温度、湿度密切相关，总的来说，适宜温度为 20 ～ 30℃，在 20 ～ 25℃的条件下，黄粉虫从卵发育至成虫约需 133 天；在 25 ～ 32℃的条件下，黄粉虫从卵发育至成虫只需 110 天。

卵在 10 ～ 20℃条件下需 20 ～ 25 天孵化；在 20 ～ 25℃条件下，卵期 7 ～ 8 天；在 25 ～ 28℃下，卵期 5 ～ 7 天；在 30 ～ 32℃下则卵期 3 ～ 4 天。

幼虫一般 10 ～ 15℃，生长期 90 ～ 480 天，平均 120 天；在 20 ～ 25℃条件下，幼虫生长发育速度最快，约为 122 天；在 25 ～ 32℃的条件下，幼虫期约 103 天（图 2-1）。

图 2-1　黄粉虫幼虫期

蛹期发育也略有不同，在 10 ～ 20℃条件下，需 15 ～ 29 天孵化；在 20 ～ 25℃的条件下，需要 8 天；而在 25 ～ 32℃的条件下，则需要 6 天。

成虫寿命 50 ～ 160 天，平均寿命为 60 天，科学测试表明，黄粉虫一生中的有效积温总和在 1450℃；在温度 20℃以上时，成虫寿命随温度的升高而缩短，例如，在 20℃条件下饲养时，黄粉虫的寿命为 64 天左右；在 24℃条件下饲养时，黄粉虫的寿命为 55 天左右；在 28.5℃条件下饲养时，黄粉虫的寿命为 42 天左右；在 31.5℃条件下饲养时，黄粉虫的寿命为 38 天左右；在 36.5℃条件下饲养时，黄粉虫的寿命为 27 天左右（表 2-2）。

表 2-2　黄粉虫的寿命与温度的关系

温度/℃	20	24	28.5	31.5	36.5
寿命/天	64	55	42	38	27

二 温度要求

黄粉虫是昆虫类，和鱼一样是变温动物，一般变温动物对环境的依赖性明显高于恒温动物。它进行生命活动所需要的能量，主要是来自于吸收太阳的辐射能，还有一部分是黄粉虫本身机体进行新陈代谢所产生的能量。当周围环境的温度发生变化时，黄粉虫的生长发育和生殖行为等一系列的生理活动都要受到影响，甚至引起死亡。

黄粉虫一般在15～40℃条件下可以正常存活，但是不同虫态对环境温度的适应情况有所不同。对于成虫来说，－5℃是其生存低限（但自然越冬的幼虫可忍受－15℃的低温），低于6℃进入冬眠状态，12℃是发育起点温度，24～35℃是其生存适宜温度，在此温度下生长健壮，成活率高。生长最快温度是35℃，但长期处于此温度容易发病。高于37℃，生长速度明显降低，死亡率也增加，40℃以上是致死温度。对于蛹来说，最怕高温，35℃以上就可能使其窒息死亡。因此，在夏季尤其要注意通风降温，减小密度，防止太阳暴晒。

另一方面，黄粉虫在温度低于10℃时，会处于一种休眠或半休眠状态，低于6℃进入完全冬眠状态，此时用手摸虫体就会感到虫体全身发凉，在冬眠时，黄粉虫不吃、不喝、不动也不死。

> 【提示】 在养殖黄粉虫的过程中，遇到冬眠时，千万不要以为冬眠可以不管不问，除了正常防止蚂蚁、老鼠等天敌外，还要注意在冬眠时，一定要保持它体表适宜的湿度。否则，虫体会因新陈代谢消耗体能而逐渐干枯死亡。另外，在冬眠时，温度不可长期低于5℃，否则也会被冻死。

三 湿度要求

湿度实际上就是水分的问题，包括空气相对湿度和饲料含水量两个方面。适宜的水分含量是维持黄粉虫生命活动所必需的，例如，黄粉虫体温的调节离不开水分的蒸发，营养物质在体内的运输也离不开水分，对食物的消化作用同样离不开水分。从黄粉虫的耐旱、耐饥渴生理特性来说，黄粉虫喜欢稍为干燥的环境，不喜欢潮湿的生境。

第二章 黄粉虫的生物学特性

⚠ 【注意】 在北方干燥的养殖室内进行喂养，患干枯病现象很多，而在南方多雨季节特别容易患腐烂病，死亡率较高。

◑ 【提示】 黄粉虫一般不直接喝水，黄粉虫体内水分的获得途径主要是来自于食物中的水分，所以在饲料中不需要直接给水，饲料含水量不仅影响黄粉虫对水分的吸收，而且影响黄粉虫对养分的有效利用。

黄粉虫对湿度变化的适应能力很强，不同的虫态对湿度的适应能力也有所不同，根据研究表明，成虫的最适相对湿度为58% ~ 77%，卵的最适相对湿度为55% ~ 73%，幼虫的最适相对湿度为67% ~ 75%，蛹的最适相对湿度为63% ~ 74%。在此范围内各虫态发育正常，对卵发育历期影响不明显，但幼虫随湿度升高而加快发育进度，龄数减少，成虫寿命延长，产卵量升高。

◑ 【特别提示】 当湿度过高时，没有及时吃完的饲料会和虫粪粘在一起，易发生霉变，导致黄粉虫生病，另外高湿度会吸引蚊蝇前来，这对黄粉虫的养殖有时也是灾难性的，所以湿度一定要科学控制好。

总的来说，湿度过高或过低都不利于其生长发育。虽然黄粉虫不怕干燥，即使在含水量低于10%的饲料情况下也能生存，但湿度太低时体内水分过分蒸发，因而生长发育慢，体重减轻，饲料利用率低，所以最适宜的饲料含水量为15%，室内空气湿度为70%，但当饲料含水量达18%和室内空气湿度为85%时，黄粉虫不但生长发育减慢，而且容易生病，尤其是成虫更怕潮湿，而易患软腐病死亡。当空气湿度小于50%时，由于干燥而影响生长和蜕皮，导致黄粉虫干枯而死。要提醒养殖户的朋友，这里所讲的湿度一般是指养殖环境中的空气湿度，但对黄粉虫的生长发育起直接影响的则是饲养箱或盒或盆内的湿度，只有在日常管理中不断摸索，才能掌握快速判断温度和湿度是否合适的技巧。

湿度对其繁殖影响也很大，相对湿度以 60% ~ 70% 最为适宜，相对湿度达 90% 时，幼虫生长到 2 ~ 3 龄即大部分死亡，低于 50% 时，产卵量大量减少。

四 食性

黄粉虫的卵和蛹基本上不取食外源性的食物，通常投喂的就是成虫和幼虫，根据研究表明，黄粉虫的成虫和幼虫都属杂食性昆虫，对食物要求不高。在自然界中，能吃食各种粮食如小麦、玉米、高粱、大米、大豆、麦麸等，也可取食鱼肉、果品、油料和粮粕加工的副产品，如糠麸、渣饼等，同时也吃食各种蔬菜叶，尤其爱吃胡萝卜与马铃薯。幼虫的食性比成虫更为广泛，除吃上述食物外，还可吃干鲜桑叶、榆叶、豆科植物的叶以及各种昆虫尸体，当食物缺乏时，甚至会咬食木头做的饲养箱和垫底的纸片等，有学者在研究中发现，它们甚至可以取食塑料，而且能消化并吸收，在一般人的眼中，这是不可想象的。可见，发展养殖黄粉虫是一种变废为宝的好途径。

⚠ 【注意】 青菜要洗净晾干后再喂黄粉虫。

五 对光的反应

黄粉虫性喜黑暗怕光，也就是说它是负趋光性昆虫，不需要太强烈的光照，在暗处比在光亮处生长要快。在自然界，成虫喜欢潜伏在阴暗角落或树叶、杂草、粮堆表面的阴暗角落或其他杂物下面躲避阳光；幼虫则多潜伏在粮食、面粉、糠麸的表层下 1 ~ 3cm 处生活，夜间活动较多。黄粉虫一旦光线强烈，就要钻入暗处隐藏起来，所以人工饲养黄粉虫时要主动为它们创造一个光线较暗的环境，或者饲养箱应有遮蔽，在养殖中要尽量防止阳光直接照射影响黄粉虫的生活。蛹最怕太阳暴晒，2h 后就会被晒死。但也不能完全生长在黑暗中，平时有散射光照就行了（彩图 2-5）。

🔄 【提示】 正因为黄粉虫具有长期适应黑暗环境生活的特性，所以黄粉虫可分层饲养，充分利用空间。一旦成虫遇到强光照，就会向黑暗处逃避，养殖户常常利用这一习性，分拣蛹与成虫。

另外，不同的光照时间对黄粉虫成虫的产卵量也有较大的影响。成虫在自然较弱光照条件下，产卵量多、孵化快、成活率高。若遇强光长期连续照射，则会向黑暗处逃避，若无处躲避则会出现产卵量减少、繁殖力降低的现象，导致种群退化。

六　群居性

　　黄粉虫是集群性动物，性喜群居，幼虫和成虫均喜欢聚集在一起生活，适于高密度饲养，最佳饲养密度为每平方米 2000 ~ 3000 只老龄幼虫或成虫。人们常常利用它的这种习性来进行高密度饲养，但是编者认为，黄粉虫饲养的密度要适中，不宜过大。这是因为万事皆有度，一旦饲养密度过大，黄粉虫的活动空间就会大大减少，食物易造成不足，导致成虫和幼虫吞食卵和蛹，造成养殖上的损失。还有一个原因就是当密度太高时，过多的黄粉虫拥挤在一起，导致群体内部的温度升高，这对刚孵化或刚蜕皮的幼虫极为不利，往往造成它们的死亡。当然为了有效提高养殖效益，饲养密度也不宜过小，这样会造成地方的浪费，降低生产率。所以人工饲养时应注意分箱，控制饲养密度。

七　自相残杀习性

　　自相残杀习性是指黄粉虫群体有相互蚕食现象，这里既有成虫吃卵、咬食幼虫和蛹，高龄幼虫咬食低龄幼虫或蛹或卵的现象，也有各虫态均有被同类咬伤或吃掉的现象，表现为大吃小、强噬弱、能动的咬不能动的等行为。例如，成虫羽化初期，身体白嫩娇弱，行动迟缓，易受伤害；从老熟幼虫中新羽化的蛹因不能活动易受损伤；正在蜕皮的幼虫无力防御而易被同类吃掉；卵也是其他虫态的同类取食的对象（图2-2）。

图 2-2　成虫在蚕食幼虫

【提示】 自相残杀会严重影响产虫量，这种现象通常发生于饲养密度过高的情况，特别是成虫和幼虫不同龄期混养更为严重，当然饲料投喂不足或不均匀时也会发生这种情况。

为了提高生产效益，必须想尽一切办法来防止黄粉虫的互相残杀，这也是人工养殖中需要解决的问题，经过生产实践，认为可以从以下几个方面做好相关预防工作。

1）提供充足优质的饲料，满足它们的摄食需求。

2）不要大小、老幼不分地一起混养，最好是同批卵同时产下的幼虫一起饲养，以确保养殖群体相对齐整，当养殖到了一定阶段后，要及时分拣，将个体差异较大的拣出另外养殖。

3）合理控制养殖密度，不可一味地为了追求高产量，而将密度安排得过大，这是很值得注意的一项工作。

4）用特制的产卵筛饲养产卵成虫，一旦产卵时，虫卵会及时从筛网的孔隙中漏出，从而达到虫与卵分隔的效果，此方法较好地解决了成虫吃卵问题。至于吃蛹问题，可以通过强光刺激的方法，让成虫躲避后，再将蛹取出另行饲养。

5）加强日常管理，主要工作是分期采卵、分期孵化和分群饲养，加强观察，对混养或者是养殖时间较长的群体，要及时采取分拣方法及时分出虫蛹或成虫。

八　生殖习性

黄粉虫成虫期才具有生殖能力，它们是通过两性交配进行生殖的。在自然界中，雌雄虫比例为1:1.05，如果生活环境的条件良好，雌性黄粉虫的数量会急剧增加，群体的雌雄比例可达（3~4）:1，如果生活环境恶化时尤其是营养条件不足时，雄性比例会急剧增加，群体的雌雄比例会达到1:（3~4），而且亲本的成活率都很低。雌雄成虫一生中都可以交配多次，亲本羽化后3~4天即开始交配、产卵，夜间产卵在饲料上面。一般黄粉虫成熟的雄虫和雌虫喜在阴暗处交尾产卵，在自然环境下交配多在夜间，交配过程遇光刺激往往会受惊吓而终止，因而在养殖时，一定要保证成虫期有黑暗的环境，

第二章　黄粉虫的生物学特性

并要减少干扰。另外，交配对温度也有要求，20℃以下或32℃以上很少交配，因此在养殖过程中一定要控制好养殖环境下的温度，这也是提高黄粉虫养殖产量和养殖效益的保证。

成虫一生中可多次交配，多次产卵，每次产卵1～10粒，最多30粒。因此每只雌虫的产卵总量在60～480粒之间，平均产卵总量约为300粒。如果人为地加强管理可延长产卵期和增加产卵量，例如，在提供营养丰富的复合生物饲料和适宜的温度、湿度条件下，有的优质种虫产卵量可达1000粒以上。产卵期为22～130天，但80%以上的卵在1个月内产出，常数十粒粘在一起，表面粘有食料碎屑物，卵壳薄而软。雌虫产卵一个半月后，产卵量下降，可以淘汰。成虫期仍进食，饲料质量影响产卵量，因此在交配产卵期要供给营养丰富的饲料。

由于雄虫的交配能力较强，可连续与6～8只雌虫交配而不影响它的寿命和受精率，因此在大规模饲养时，要充分利用这一特点，为了减少多余雄虫对饲料的消耗以及雄虫对雌虫的侵扰，同时也是为了适当降低养殖密度，可以在黄粉虫雌雄比例为1:1的条件下，群体交配繁殖8天左右，及时去除老的雄虫，补充新的雄虫，更换的老雄虫可以直接到市场上出售，或者用来加工或投喂其他经济动物，同时利用更新雄虫的机会把雌雄比例降下来，可以达到雌雄比例为2:1都行。

黄粉虫的雌雄虫在虫蛹阶段易于辨别。虫蛹长12～20mm，乳白色或黄褐色，无毛，有光泽，鞘翅芽伸达第三腹节，腹部向腹面弯曲明显。腹部背面各节两侧各有一个较硬的侧刺突，腹部末端有一对较尖的弯刺，呈"八"字形，腹部末节腹面有一对不分节的乳状突，雌蛹乳突大而明显，端部扁平，向两边弯曲；雄蛹乳突较小，不显著，基部愈合，端部呈圆形，不弯曲，伸向后方，以此可区别雌雄蛹（彩图2-6）。

九 运动习性

黄粉虫生性好动，昼夜都有活动现象，但以夜间最为活跃。在饲养过程中往往会发现成虫喜欢爬到光线较暗的地方活动和产卵，因此在饲养过程中要人为地主动创造一些黑暗的条件。成虫后翅退化，不能飞行。成虫、幼虫均靠爬行运动，极活泼。人工饲养黄粉虫的饲养盒内壁如果粗糙，幼虫和成虫极易爬出，为防其爬逃，饲养盒内壁应尽可能光滑。

✚ 蜕皮习性

黄粉虫幼虫具有周期性蜕皮的习性，而且这种蜕皮现象一般只发生在幼虫时期，其他虫态不蜕皮。幼虫每蜕皮一次增加一龄，体形增加，体重也随之增加，可以这样说，黄粉虫如果不蜕皮，就不可能长大。这是因为黄粉虫与其他昆虫一样，属于外骨骼动物，由于其表皮坚韧（即外骨骼），属于非细胞性组织，伸展性很小，当幼虫营养积累到一定程度后，必须蜕去旧表皮，形成面积更大的新表皮，才能使虫体进一步增大。在自然条件下，黄粉虫的寿命在 60 ~ 160 天之间，平均寿命 120 天左右。据观察，在这短短的 100 多天中，幼虫蜕皮次数 8 ~ 19 次不等，通常 13 ~ 15 次，也就是说通常为 13 ~ 15 龄，经 4 ~ 8 天蜕皮一次，每只黄粉虫的蜕皮次数与营养条件密切相关（彩图 2-7）。

蜕皮时幼虫停止取食，头部脱裂线裂开，幼虫蜕出，刚刚蜕皮的幼虫呈乳白色，1 ~ 2 天后变为黄褐色。在蜕皮时间上，黄粉虫幼虫经 4 ~ 6 天蜕一次皮。每次蜕皮的间隔时间随虫龄和温度、营养条件的不同而不同，通常随虫龄的增加，蜕皮间隔时间也增加。另外，幼虫蜕皮的速度和质量也与温度、湿度、营养等条件密切相关，在温度、湿度、营养适宜的情况下，幼虫蜕皮顺利，否则将出现蜕皮困难，甚至畸形死亡现象。

> ⚠ **【注意】** 在养殖过程中，值得注意的一件事就是黄粉虫在蜕皮时和刚刚蜕皮后的短时间内，躯体十分娇弱，抵抗外来侵袭的能力非常弱，极易受到同胞的蚕食，要注意防范和保护。

✚一 变态历程

1. 化蛹

黄粉虫在变态历程中，有一个特点就是必须经过化蛹阶段，化蛹也就是幼虫变为虫蛹的过程。黄粉虫幼虫从孵化开始通过取食不断积累营养，生长蜕皮，当幼虫阶段营养积累完成后，就要化蛹。在化蛹前，黄粉虫老熟幼虫爬行到幼虫较少的场所和食物表面，停止取食，经一段时间后蛹从幼虫表皮中蜕出，初为白色，后变为黄白色。蛹是表面静止而体内发生复杂变化的虫态，是幼虫器官结构转变为成虫器官结构的过渡阶段。

> **【提示】** 由于化蛹期是相对静止期，且持续时间较长，很容易遭受黄粉虫幼虫和成虫的捕食，因此及时将蛹从幼虫饲养容器中拣出、把羽化的成虫及时移到成虫饲养容器中是非常重要的管理环节。

2. 孵化

像小鸡孵化一样，黄粉虫的卵在完成一系列的胚胎发育后，它的幼体就会钻破卵壳而爬出，这个过程叫作卵的孵化，刚孵化出来的幼虫非常娇嫩，还没有防御敌害生物侵袭的能力，因此要加强管理，确保养殖的成功（彩图2-8）。

3. 羽化

羽化是虫蛹变为成虫的过程，也是黄粉虫一生中必须经历的一个虫态期。黄粉虫蛹的羽化对环境温度和湿度有一定的要求，一般温度为25~30℃，湿度为65%~75%的条件对其羽化有利，在温度过高或过低、湿度过大或过小时都会影响羽化的质量。

——第三章——
黄粉虫的饲养

第一节　人工养殖黄粉虫的优点

人工养殖黄粉虫具有以下几个优点。

一　饲料来源广泛

人工饲养黄粉虫时，主要以麦麸、米糠、玉米皮、豆粕、农作物秸秆、青菜、秧蔓、酒糟等为食，每3~5天仅需投喂一次，这些原料在农村遍地可寻，而且价格很低廉，将这些低值甚至被视为是农村垃圾的原材料转化为黄粉虫是一种新型的农副产品转化方式（彩图3-1）。黄粉虫吃的草料黑麦草如图3-1所示。

图3-1　黄粉虫吃的草料黑麦草

二　饲养成本低

除了饲料来源广泛，饲料成本低外，人工饲养黄粉虫还具有饲养用具较少的特点，家庭用的木盒、塑料盆、木架、木柜等都可以用来做饲养容器，这些东西既可以在市场购置，也可以自己定做，成本很低，只要容器内壁光滑即可（图3-2）。还有一个成本低的原因就是它不需要太多的或者是专用的饲养场所，在农家屋舍里随时随地都可饲养，甚至有许多初创业者将黄粉虫饲养在床下的木箱里，也是很可行的。

图 3-2　饲养黄粉虫的容器

三　生长繁殖快

黄粉虫以 3 个月为一个生长周期，每只雌虫可产卵数百粒，繁殖快得惊人，对温度、湿度等环境条件要求不高，在 10～35℃均可正常生长。

四　易养殖、疫病少

黄粉虫自身没有多少传染病，也不是传播疫病的主要载体，喂养技术含量低，养殖户不受文化水平限制，人人都能饲养成功。

五　养殖形式多样化

黄粉虫养殖项目大面积推广，可形成新兴产业，增加就业门路。养殖黄粉虫既可以公司形式专门化养殖，也可以农户单独养殖，如果能形成产业化生产，可以采取"公司 + 基地 + 农户"模式经营，也就是以农户为生产单位，组成科研、生产、加工、营销一条龙的联合公司。形成产业后，完全可以缓解当地就业压力。彩图 3-2 为家庭立体化饲养黄粉虫。

六　市场需求量大

黄粉虫的市场需求量首先取决于它的功能和效用，养殖黄粉虫既可以作为蛋白质能源的提供者，作为名贵珍禽、特种动物的鲜活饲料，也可以制作营养保健品，可提高人体免疫力，具有抗疲劳、延缓衰老、降低血脂、抗癌等功效。同时它还是新兴的菜肴，用黄粉虫加工的"昆虫蛹菜"洁净卫生，完全无毒，无异味，不污染环境，经烘烤和煎炸后有奇香，口感好、风味独特，在国内如广州、上海等大城市已形成消费热潮，在国外如日本、韩国、英国、德国、法国等也早已成为大众普通菜肴。

总之，养殖黄粉虫市场前景诱人，是一项城乡发家致富的好门路。

七 具有业余创利的优点

养殖黄粉虫劳动强度小，操作简便，易于管理，饲养不占用白天工作时间，利用晚间喂食即可，因对养殖环境要求不高，在城乡居民住房、阳台、墙角或简易温棚均可顺利开展养殖，工薪阶层在工作之余也可以用它来创收。只要掌握正确的饲养方法，其成活率达75%以上，根据调查，$10m^2$ 内立体生产每月可生产 $100 \sim 150kg$ 黄粉虫。按现在养殖专业户生产能力计算，一个三口之家的农户，用 $50m^2$ 左右的房屋做养殖场，一年可收入 2 万元左右。

八 黄粉虫的利用模式多

人工养殖利用黄粉虫的模式比较多，这里仅以养殖黄粉虫并利用它来养殖鸡为例，来说明黄粉虫的综合利用模式（图 3-3）。

图 3-3　黄粉虫的养殖利用模式图

第二节 养殖方式的选择

黄粉虫的养殖技术虽然简单，但在方式的选择上也不容忽视，不然会影响产量和养殖效益。养殖者应根据自己希望达到的养殖规模、掌握的养殖技术、具备的养殖水平、经济水平和承受风险的能力选择合适的养殖方式。养殖方式简单地分为混合饲养、分离饲养和工厂化养殖三大类。

一 确定养殖规模

这是因为养殖规模与养殖方式密切相关，可以这样说，养殖规模决定了养殖方式，养殖方式决定了养殖产量。根据目前黄粉虫的养殖产量，可将黄粉虫的养殖分为工厂化大规模养殖与家庭小型饲养两种形式。

1. 大规模养殖

不同养殖形式的主要区别在于产量和经济要求上，大规模养殖就是要求产量高而且生产的总量也较高，经济效益也要高。由于黄粉虫是属于比较容易饲养的昆虫，而且操作简单、饲料来源广泛，具备了工厂化大规模养殖的可能性。因此对于那些需要规模发展、技术成熟、投资巨大且市场稳定的企业来说，适宜工厂化大规模养殖（图3-4）。

2. 家庭小型饲养

一般情况下，若抱着养养玩的目的且投资不大，技术不很成熟的情况下，适宜家庭小型饲养（图3-5）。另外，对于那些刚刚起步的企业来说，也要先进行小型饲养，在了解了养殖技术、掌握了黄粉虫的生长规律后，再进行大规模养殖，这也是规避风险、提高养殖成功率的一种做法。

图3-4 规模化养殖黄粉虫的车间　　　图3-5 家庭小型饲养

二 混合饲养

混合饲养，简单地说就是将所有的黄粉虫混合在一起饲养，这是一种比较原始的养殖方式，它的优点是资金投入较小，人工投入较少，所需的养殖场所也小，对风险的承受力也相对小得多，这种管理简单、省时省工的初级饲养方式，最适于初次养殖黄粉虫的朋友，也适用于家庭小面积、小规模饲养时选择。

混合饲养的操作和管理也方便，将养殖容器选择好后，经过简单处理达到养殖条件后即可使用，最主要的就是确保容器口略大、深度达到40cm左右、内壁非常光滑。然后将黄粉虫直接放入盛有饲料的容器中，让它们在容器内自由生长、自然交配和产卵，甚至连孵化等行为都在一起进行，只是在需要黄粉虫时再将虫子从容器中取出直接使用就行了。最初一些观赏鸟（尤其是百灵鸟、画眉）爱好者、金鱼爱好者就是为了自己的宠物使用而主要采用的这一养殖模式。经过分析，也不难发现这种养殖模式也有它的弊端，一是各种虫态混合养殖在一起，不利于它们的生长发育。二是在饲养过程中，有一半左右的卵、幼虫以及蛹会被它们的同胞无情蚕食，或者会造成大量个体伤残和死亡，单位产量极低。三是饲料和粪便长期混合在一起，不卫生，会引起各种疾病的发生。四是这种养殖模式会浪费饲料，造成饲料报酬率较低。

三 分离饲养

分离饲养，简单地说就是将各虫态的黄粉虫放入不同的容器中分开饲养，根据它们的不同特点进行专门管理，这是一种科学的养殖方式，可以有效地防止黄粉虫之间的自相残杀。

按照养殖设施的不同，可分为平面养殖和立体养殖两类，其中平面养殖可分为池养、室养、棚养三种方式；立体养殖按照养殖容器的不同，可分为盆养、箱养、柜养、塑料桶养等多种方式。具体的养殖方式和养殖特点如下。

（1）箱养 用木板做成饲养箱（长60cm、宽40cm、高30cm），上面钉有塑料窗纱，以防苍蝇、蚊子进入，箱中放一个与箱四周连扣的框架，用 10 目/cm 规格的筛绢做底，用以饲养黄粉虫，框下面为接卵器，用木板做底，箱用木架多层叠起来，进行立体生产（彩图 3-3、图 3-6）。

（2）塑料桶养 塑料桶大小均可，但要求内壁光滑，不能破损起毛边，在桶的 1/3 处放一层隔网，在网上层培养黄粉虫，下层接虫卵，桶上加盖窗纱罩牢（彩图 3-4）。

（3）池养 用砖石砌成 1m² 大小，高 0.3m 的池，内壁要求用水泥抹平，防止黄粉虫爬出外逃。池养的优点是养殖设备简单，成本较低，可大量养殖，并且养殖池还可用来储放黄粉虫或用于其他用途；缺点是单位面积利用率低，生产效率不高，产量也不高。室内水泥槽养黄粉虫如图 3-7 所示。

图 3-6　木箱养殖黄粉虫　　　图 3-7　室内水泥槽养黄粉虫

（4）室养 也叫房养，是最常见的养殖形式，就是直接在养虫室内进行养殖，养虫室的门窗一定要安好牢固的窗纱，防止敌害侵入，地面要用水泥抹平。由于室养是在人为控制条件下进行的养殖方式，保温效果好，便于调节温湿度，避光性强，保证冬暖夏凉，可大量养殖，但需增加加温的能源耗费，成本较高。室内养殖的面积可根据自己的需要而定，一般为 12～15m²（彩图 3-5）。

⚠ 【注意】 在室内养殖黄粉虫时，有几个注意事项要牢记：

1）室内要有较好的通气条件，确保气流通畅，养殖房内不能长期有污浊的空气。

2）室内的光线不要太强，由于黄粉虫是喜暗怕光的昆虫，因此在室内养殖时，同样也要尽可能地营造这种环境。

3）要发挥室内养殖的优势，加强对温度和湿度的调节力度，力求做到饲养室中的温度、湿度保持稳定，不能忽高忽低，免得黄粉虫一时适应不了而生病，另外切忌向饲养器具中洒水。

4）饲养室内不能堆放其他杂物，特别是农药、化肥等有刺激性的物品，有条件的话，农药、化肥及其他化工原料要远离养殖房。

5）饲养黄粉虫的器具一定要定期清理，并且在清理后放在阳光下暴晒1~2天，目的是利用太阳的紫外线来杀灭杂菌并驱除害虫；

6）饲养室要杜绝鼠、蛇、蚂蚁等天敌进入。

（5）**盆养** 盆养一般规模不大，不需要专职人员喂养，利用业余时间即可。饲养设备简单、经济，可以用内壁光滑的塑料盆、脸盆或陶瓷盆养殖。这种方法仅适于家庭小规模喂养，成本较高，但方法简单。可将不同的虫态，分别放入不同的盆中饲养（彩图3-6、彩图3-7、图3-8）。

图3-8 盆养黄粉虫

（6）**柜养** 柜养，也叫架养（彩图3-8），如果养殖场所不是很理想，例如，封闭性能不好、敌害较多或是为了方便叠放饲养，可以根据比例，将饲养箱适当缩小，形成一个个的抽屉状的小饲养箱，直接放入柜中，形状与中药铺的药柜相似，这样做可以大大减少饲养空间，而且牢固性比较强。抽屉的大小要比柜子的间隔略小一点，以方便抽屉能顺利地抽拉，要求抽斗内壁光滑，深度在30cm左右。还有一种情况就是应用于规模较大的养殖场，便于工厂化养殖，生产效率较高。

（7）棚养 大棚养殖就是利用塑料大棚来进行黄粉虫养殖的一种方式，也叫日光温室养殖。通过塑料大棚做载体，可以使自然采光和人工加温相结合，创造一个相对恒温的条件。由于塑料大棚的建设比较简单，投入成本相对较低，冬季保温效果差，因而不利于开展周年养殖黄粉虫。

四 工厂化养殖

工厂化养殖是一种集约化养殖方式，只要以上的养殖条件许可、养殖场所合适都可以进行工厂化养殖。这种生产方式可以大规模地提供黄粉虫饵料，适合黄鳝、鳖、观赏鸟类的养殖需要。

1. 黄粉虫适应工厂化养殖的优势

黄粉虫是比较适合工厂化养殖的，因为它具有以下几点生物学优势：

1）黄粉虫的生活周期较短，可以快速进行资金的周转，适合工厂化养殖对资金流量的需求。

2）黄粉虫属于群居生活的昆虫，可以集群生活，适应工厂化养殖大量生产的需求。

3）黄粉虫是一种完全变态昆虫，在生活过程中能够适应不同环境，而且这种适应性的潜在能力较强，因此对于工厂化养殖的高密度是可以适应的。

4）黄粉虫对食物要求比较简单，食谱广而杂，这就为工厂化养殖提供了方便。因为一种经济动物进行工厂化养殖时，饲料的费用往往会占据60%左右的资金，这对大规模生产的企业来说是个不小的压力，而黄粉虫的食谱广泛，饲料来源广泛，我国是农业大国，全国各地区农作物栽培面积大，农副产品及秸秆保有量丰富，可为黄粉虫养殖提供优质廉价的饲料源，因而开展工厂化养殖时，就不会为饲料的来源和资金费心。

5）黄粉虫的养殖技术成熟度高，我国各地先后开展了富有成效的基础研究和实用技术的推广，尤其是山东农业大学、吉林农业大学等院校均有许多年研究与开发黄粉虫资源的历史，取得了一系列研究成果并得到广泛推广，这就为工厂化养殖提供了技术支撑，解决了养殖中的技术性难题。

6）利用黄粉虫的资源开发市场广阔。由于黄粉虫诸多的优势，目前已经被应用到各个领域。我国南方和沿海地区的水产养殖业特别发达，北方地区的畜牧业也非常发达，这些经济动物的养殖是需要动物蛋白源作为饲料原材料的，因此黄粉虫作为畜禽水产等饲料蛋白源市场前景广阔，也就是说养出来的产品不愁没有销路，这就为工厂化养殖解决了后顾之忧。

2. 架式工厂化养殖

工厂化养殖的方式是在室内进行，饲养室的门窗要装上纱窗，防止敌害侵入，房内安排若干排木架或铁架，每个木（铁）架分3～4层，每层间隔50cm，每层放置一个饲养槽，饲养槽的大小与木架相适应。饲养槽既可用铁皮做成，也可用木板做成，一般规格长2m、宽1m、高20cm，在边框内壁用蜡光纸裱贴，使其光滑，防止黄粉虫爬出（彩图3-9）。

3. 立体式工厂化养殖

另一种工厂化养殖方式就是培养房大面积培养。通常采用立体式养殖，即在室内搭设上下多层的架子，架上放置长方形小盘（长60cm、宽40cm、高15cm），在盘内培养黄粉虫，每盘可培养幼虫2～3kg（彩图3-10、图3-9）。

4. 柜式工厂化养殖

就是定制专用的养虫柜，每个抽屉就相当于一个个的养虫箱，这是一种非常有效的高密度养殖方式，

图3-9 立体式养殖黄粉虫

单位产量很高。

第三节　饲养前的准备工作

"预则立，不预则废"，这句话用在黄粉虫的养殖上也是非常适用的，要想养殖好黄粉虫，就必须预先做好计划，做好养殖的各种准备工作，才能做到有计划、有规划地养殖。

经过调查和经验，在养殖黄粉虫前要做好以下几项准备工作。

一　心理准备

在决定饲养前一定要做好心理准备，可以先问自己几个问题：决定养了吗？怎么养？采用哪种方式养殖？风险系数是多大？对养殖的前景和失败的可能性有多大的心理承受能力？决定投资多少？是业余养殖还是专业养殖？家里人是支持还是反对？

二　技术准备

在养殖前要做好技术准备，要多看书，多看资料，多上网，多学习，多向行家和资深养殖户请教，把养殖中的关键技术都了解清楚，然后再进行养殖。有许多朋友在初步了解黄粉虫后，都说黄粉虫好养，认为养殖黄粉虫很简单，也是非常容易养的，没有什么技术可言，就是找个地方给它们住、再投点麦麸和青菜就行了。如果是这样的准备工作，那劝你还是别养了，免得以后后悔。

也许小打小闹地养着玩，这点技术可能够用了，但是如果想把黄粉虫产业做大做强，实现规模化养殖，最大限度地提高虫体的质量，同时将养殖成本降到最低，并实行可持续化发展，那也不是件容易的事情。随着黄粉虫产业化市场的不断变化、养殖技术和养殖模式的不断发展、科学发展的不断进步，在养殖黄粉虫时可能会遇到新的问题、新的挑战，这就需要不断地学习，不断地引进新的养殖知识和技术，而且要善于在现有技术基础上不断地改革和创新，再付诸实践，总结并提升成为适合自己的养殖方法（图3-10）。

三　风险准备

养殖一个新品种时，都要对养殖对象进行风险评估，也就是要

图3-10 向技术人员学习养殖黄粉虫技术

具有风险准备的意识。一般来说，这种风险准备主要体现在两个方面，一是技术风险，二是生态风险。

对于技术风险来说，虽然黄粉虫是外来种，但是现在在我国基本上已经安家落户了。从20世纪80年代以来，我国的养殖爱好者率先进行黄粉虫的养殖，主要目的是用于蝎子的饲料，随后一些科研人员和科研机构也都先后介入并做了深入的研究。多年来，我国科研人员重点针对黄粉虫的人工养殖技术、养殖模式，新品种的选育、提纯与复壮、工厂化生产技术的应用与推广等进行了较系统的研究，并取得了一系列研究成果。因此，在黄粉虫养殖技术方面风险不大。

对于生态风险方面，根据专家学者对黄粉虫生物学特性、对温度的适应、对湿度的要求、交配的要求、群居性等方面的综合研究结果，表明黄粉虫在自然环境中是不会泛滥成灾的，这是因为黄粉虫既不能在高密度条件下重返自然环境长期生存并无限制地繁育后代，在自然界中又存在各种天敌，如鸟、蛙、蜥蜴、老鼠、蛇、蚂蚁、龟等均可大量捕食黄粉虫，自然抑制作用较强。因此，大规模养殖黄粉虫无生态风险。

四 市场准备

市场准备工作尤其重要，因为每个从事黄粉虫养殖的人都很关心黄粉虫的市场究竟怎么样？前景如何？也就是说在养殖前就要知道养殖好的东西怎么处理？是自己养鸟用、养蝎子用还是养金鱼用？

还是为其他饲料厂家配套提供蛋白质能源用？一天打算生产幼虫多少？市场能销售多少？花鸟鱼虫市场的份额是多少？如果一时卖不了或者是价钱不满意该怎么办？是采用与供种单位合作经营也就是保底价回收还是自己生产出来自己到市场上出售？这些情况在养殖前也是必须要考虑好的，如果没有预案，万一出现意想不到的情况发生，养殖的大量黄粉虫怎么处理，这是个严峻的问题。

> ⊙ 【提示】 针对以上的市场问题，养殖者一定要做到眼见为实，耳听为虚，以自己实际看到的进行准确判断，不要过分相信别人的话，也不要相信电视上的介绍，更不要相信那些诱人的小广告。现在是市场经济时代，也是信息快速传播的时代，市场动态要靠自己去了解，去掌握，去分析，做到去伪存真，突破表面现象去看真实问题。

　　经过了解分析，现在黄粉虫的市场主要包括五大类，养殖者在养殖之前就要定位清楚自己将来养殖出来的产品究竟是属于哪一类市场，并采取切实可行的方案。

　　1. 传统饲料市场

　　由于黄粉虫最初引进到我国就是为了养殖宠物服务的，是为了解决花鸟鱼虫的优质饲料服务的，因此目前黄粉虫的传统饲料市场还是在各大、中城市的花鸟鱼虫市场，主要是以鲜活的幼虫出售，用于饲喂观赏鱼、观赏鸟、蝎子、观赏龟等肉食性动物，它是这些宠物首选的优质动物蛋白饲料。因此，如果靠近大、中城市的养殖户，可以依托这种市场空间，主要是以活虫供应的方式来抢占市场。

　　2. 新兴市场

　　新兴市场就是新开发的市场或潜在的市场，由于黄粉虫作为宠物饲料的优良表现，近年来黄粉虫的虫干和鲜虫都陆续进入了宠物界的其他领域，已逐渐被宠物界所认同，市场需求量也日益增长。例如，蜥蜴、宠物蛇、拉步甲等的养殖都已经广泛应用黄粉虫。

　　3. 干虫市场

　　过去的宠物饲料包括一些大宗饲料如畜禽饲料、水产饲料等的动物蛋白源主要是来自两方面，一是来源于畜禽产品的下脚料，二是来自于鱼粉。由于后来畜禽疾病的发生以及流行病的传染，发达国家已经先后禁止使用畜禽产品的下脚料作为饲料，同时世界各地由于酷渔滥捕，导致鱼粉的产量也不断减少，价格一年比一年飙升，这种情况就直接造成了养殖饲料价格的不断攀升，因此人们就急于找到新的蛋白替代品，而黄粉虫正是由于具备了多种优势而吸引了全球饲料行业的目光，当然也就成了高级动物蛋白市场备受关注的新生事物。黄粉虫经过简单地干燥加工成虫干后，就可以直接添加在饲料中代替鱼粉生产各种专用的饲料了。正是由于全球饲料行业对动物蛋白需求量的上升，预计将来黄粉虫的干虫市场将会逐年扩大，尤其是质量好的虫干，价格将会更高，养殖收益将会更加明显（图3-11）。

图3-11　黄粉虫干虫

4. 食品和保健品市场

除了风靡全球的黄粉虫虫菜、蛹菜外，利用黄粉虫做原料而生产的各种保健品也大有市场，目前全球各国都对黄粉虫的食品和保健品加大了开发、研究，而且也取得了许多成果，目前市场上已经出现了许多以黄粉虫为原料进行加工生产的保健品。

5. 深加工开发市场

深加工开发市场主要体现在以黄粉虫的各个虫态、各个阶段为原料而开发出来的虫油、蛋白质、几丁质、氨基酸等，而且这种深加工的产品和研究方向也日益受到许多行业的关注及参与，这将会对黄粉虫产业的良性发展产生重要影响。

五　养殖设施准备

1. 养殖场所的准备

养殖黄粉虫必须有场所，没有场所是无法进行养殖的，这个场所就是通常所说的饲养房，由于最初黄粉虫是在粮食仓库里生活、繁殖的，所以人工饲养时就要尽量模拟它的原始生活方式，故现在进行家庭养殖时基本上是在室内进行的。黄粉虫对饲养场所的要求是很有讲究的，它要宽敞、通风良好，能防止小鸟飞入、老鼠侵入等，室内光线要暗，保持黑暗，防止太阳照射，冬季能取暖保温、保湿就可以。饲养房的大小不限，一般视养殖黄粉虫的多少和个人的养殖水平而定，像废弃的厂房、仓库、大棚都行。如果是少量养殖，只要有一间空房就可以。一般情况下每 20m² 的 1 间房能放 300～500 个养殖木箱。饲养房内部要求温度冬夏都要保持在 15～30℃之间，夏季温度要能控制在 33℃以下，超过 35℃时虫体会发热烧死，冬季如果要继续繁殖生产时，温度需升高到 20℃以上。冬季若不需要生产，无法取暖时可让虫子进入越冬虫态，不需要加温。黄粉虫耐寒性较强，越冬虫态一般为幼虫，在－15℃不会被冻死。湿度要保持在 50%～75% 之间，地面不宜过湿。如果条件比较好的场所，可以考虑在室内安装控温设施，进行周年不间断地养殖，这样的效益会更好。

2. 养殖饲料的准备

养殖黄粉虫的饲料来源虽然比较广泛，但是在养殖前也要准备好充足的饲料，生产实践已经证明，如果准备的饲料质量好、数量足，养殖的产量就高，虫体就大，质量就好，当然效益也比较好，反之亦然。对于粗养殖型的农户，饲料宜准备麦麸、秸秆、菜类，另外可配制少量的人工配合饲料。对于规模化生产的精养型的企业，则要有专用的人工配合饲料，搭配少量的粗饲料。总之要以最少的代价获得最大的报酬，这是任何养殖业的经营基础。

3. 养殖器具的准备

（1）专用饲养设备的准备 也就是饲养盘（或称养殖盒）和饲养架的准备，是专门养殖黄粉虫幼虫，同时也可以作为产卵盒使用。饲养黄粉虫的木盘为抽屉状木盘，一般是长方形的，规格是长 100cm、宽 50cm、高 8cm 左右，板厚为 1.5cm，底部用纤维板钉好。筛盘也是长方形的，需要把它放在木盘中，长宽高分别为 75cm、35cm、6cm，板厚为 1.5cm，底部使用 10 目铁筛网，用三合板条钉好。制作饲养盘的木料最好是软杂木，而且没有异味。为了防止虫往外爬，要在饲养盘的四框上边贴好塑料胶条或蜡光纸。饲养盘木架的数量应根据饲养量和饲养盘数的多少来制作，然后用方木将木架连接起来固定好，防止歪斜或倾倒，最后按顺序把饲养盘排放上架（图3-12）。

（2）分离设备的准备

分离设备主要指分离筛（彩图3-11），主要是用于卵和蛹、幼虫和蛹、成虫和卵、幼虫和虫粪以及大小不同的幼虫之间的分离，它是用粗

图3-12　饲养容器

细不同的铁筛网制成的，10目的用作卵筛用，12目、14目、16目的分别是用来分离不同龄段的虫子，40目、50目、60目的用来筛虫粪，100目的用来倒成虫。40目中孔的筛大虫粪。60目小孔的可筛1～2龄幼虫。另外简易一点的分离用具可以用大家比较熟悉的簸箕和笭筐。

六　养殖模式的选择

养殖模式的选择首先要根据养殖目的而定。一般以自用为目的的适合选择盆养方式，其设备简单且不必设专人管理。如果以外销商品虫原料为目的的，则可考虑池养或架养。具体选择哪种模式，要根据客观实际情况而定，养殖场所特点以及资金设备投入多少等都将影响最后的选择结果。

1. 自己养殖自己利用

这种养殖模式就是养殖户自己利用空闲的房屋或空地养殖黄粉虫，养殖出来的成虫自己再进行利用，主要是用来喂养其他的经济动物，例如，可以用来饲喂黄鳝、乌龟等，以取得理想的经济效益。

采用这种养殖模式时，要考虑到饲料来源很方便的优势，可以充分利用家里的农作物秸秆、瓜果、蔬菜、谷糠等低值的农附产品，只要养殖出来的产品够用就行。如果条件比较好，在夏秋季可以大量繁殖、增殖时，可以用烘干机及时将鲜虫烘干，等到饲料紧缺时再用。

2. 自己养殖供别人利用

这种养殖模式就是养殖户自己养殖黄粉虫，但是养殖出来的成虫是卖给别人使用的。采用这种模式养殖时，一定要有可靠的销路保障，由于市场依靠别人，在养殖过程中一是要注意养殖成本的控制；二是要能及时更多地提供优质产品；三是要及时回收资金，以利再生产。如果一时没有销出去的黄粉虫，建议不要积压，可以另寻其他的买家，或者立即制成干品保存。

3. "公司＋农户"的模式

就是以一家黄粉虫的养殖公司为基础，这个公司既可以是黄粉虫的技术服务单位，也可以是供种单位，还可以是本地从事特种养殖的公司，联系一家一户的农民从事黄粉虫的养殖。公司＋农户的养殖模式，通过政府搭桥、干部引导和公司上门服务，发展成一支懂养殖技术、防疫、销售的专业队伍，形成了产、供、销"一条龙"的新型购销模式，促进产业结构发展，实现农企双盈，同时也充分利用了农村丰富的农产品衍生物，带动了运输业，解决了部分下岗职工和农村剩余劳动力的就业问题，在促进当地农村经济发展方面起到生力军作用。

> 【提示】 公司＋农户的模式最典型的经营方式是，由农户负责提供养殖场所、负责筹措部分资金、提供劳动力，公司以低于市场的价格来为养殖户提供优质的苗种供应，同时负责指定技术员上门进行技术指导，统一销售，养殖出来的产品最后由公司按当初合同上约定的保底价格回收。

4. 合作社的模式

针对目前黄粉虫养殖大都还处于零星散养的模式，在传统的散户养殖经营中，规模性小，信息流通差，产品质量低，往往会发生养殖户增产不增收的矛盾。如何解决农民一家一户难以解决的问题，提升黄粉虫的市场竞争力，为养殖户增收提供可靠保障。新形势下的新问题要有新思维、新办法，可以考虑创办黄粉虫养殖专业合作社，依靠科技，促进经济社会协调发展，充分发挥黄粉虫养殖专业合作社技术人员的优势和特点，以科技示范户为基础，加强对市场的分析预测，提高信息的准确性，为定位、定向、定量组织黄粉虫的养殖和销售提供决策依据，为养殖户增收致富走出一条新模式。

作为合作社，就要有相应的规章制度，就要实行黄粉虫养殖的科学管理，采取七统一的管理制度，即统一供种、统一技术、统一管理、统一用药、统一质量、统一收购、统一价格。购买种子时，由合作社统一联系，邀请有资质、有技术保障的公司送种到家，负责技术指导。同时利用远程教育、广播、会议培训、发放技术资料等形式传授养殖技术。这种七统一的管理制度，不仅可以扩大当地黄粉虫的养殖规模，依靠规模效应，增加养殖户在市场上的话语权，而且可以避免养殖户之间的无序相互竞争压价。只要管理到位，黄粉虫合作社的模式会越走越宽，为广大有志于黄粉虫养殖的人们开拓市场提供了一条捷径。

七 养殖资金准备

作为一项新兴的养殖产业，无论多么好养，也需要资金作为后盾，因为种子需要钱，饲料需要钱，一些基础养殖设备需要钱，人员工资需要钱，场地改造和防敌害等都需要钱。因此在养殖前必须做好资金的准备。至于具体黄粉虫的养殖需要投资多少，由于市场是不断变化的，因此很难具体地回答，不过，还是建议养殖户在决定养殖前，先去市场多跑跑、多看看，再上网多查查，向周围的人或老师多问问，最后再决定自己投资多少。如果实在不好确定时，也可以自己先尝试着少养一些，主要是熟悉虫子的生活习性和养殖技术，等到养殖技术熟练、市场明确时，再扩大生产也不迟。

举例：本文在这里举一个简单的例子来说明，仅供参考，具体的投资还得看具体的情况而定。例如，以 15m² 的房间为单位，投入 500 个标准饲养盘，按每个饲养盘 6 元来计算，共需 3000 元；3~6 个饲养架，需 600 元；人工 0.3 个，600 元/月（以月工资 2000 元计）；其他 300 元，总计 4500 元整。另外还需要饲料的钱以及最大的投入，就是苗种的钱，这些都需要在养殖前做好预算，并及时筹措到位。

第四节 盆养黄粉虫

一 盆养特点

盆养黄粉虫是适宜家庭室内饲养的一种方式，要求的技术不是太简单，但也不是太复杂，一般不需要专人饲养，只要合理利用业余时间就可以了。适合的生产量为每月 6~8kg，主要是用于家庭养殖观赏鱼、蜥蜴、宠物龟、宠物鸟等，现在也有养殖户用盆养的方式来养殖少量虫子供钓鱼的，当然多余的虫子既可以送给钓友，也可以出售。

二 设备准备

家庭盆养黄粉虫的设备比较简单、经济，通常用的有脸盆、塑料盆、木盆、铁盒、木箱等，要求盆子无破损，无破漏，内壁光滑，以黄粉虫不能爬出容器为宜，如果内壁不光滑的话，这时可贴一圈黄色的蜡光纸或用塑料胶条粘贴在一起，实在没有的话，用白纸也是可以的，将白纸粘在容器内壁一圈，用手轻轻抚平即可，围成一个光滑带，防止虫子外逃。其他的常用设备还有筛子，主要有 40目、60 目和 80 目三种。

三 虫体选择

一切准备好后，就要放入虫种了。在从外面引进虫种后，一定要经过认真的挑选，选取那些个体大、生活能力强的虫子，在一批中要尽可能选择规格整齐、色泽鲜亮的个体。那些身体有残缺、个体较小的就不要选，还有就是身体发黑的也不能选用。

四 放养密度

黄粉虫的饲养密度很有讲究，密度过大，不利于黄粉虫的生长发育，而且易引起虫子间的相互残杀；密度过小了，则不利于空间的利用，经济效益较差。因此对盆养黄粉虫的密度还是相当讲究的，根据生产实践表明，幼虫在盆中的厚度以 0.8~1.0cm 为宜，最好不要超过 1.2cm，参考密度为 4~6kg/m³（图 3-13）。根据这种密度可以推算，一般普通脸盆可以养殖幼虫 0.5~0.8kg，洗脚盆可以养殖

0.9～1.5kg，市场上见到的椭圆形的塑料盆可以养殖2.5～3.5kg。具体的密度要依据个人的养殖技术、养殖经验和环境条件而定，同时也与季节有一定关系，例如，到了冬季时，虫子的密度可以适当增加10%左右，这样非常有利于虫体间的活动摩擦而产生一定的热能，对于防止盆内温度过快降低大有好处，当然，到了夏季时，虫子的密度也要相应减少10%左右，这样

图3-13 盆养时合适的饲养密度

是非常有利于散热的，可以有效地防止盆内的温度过高而导致黄粉虫不适甚至死亡。

五 幼虫的管理

虫卵在室温25℃左右时，经3～5天可孵出幼虫。在盆中放入色泽鲜亮饲料，如麦麸、玉米粉等，将孵出的幼虫从卵纸上取下移到饲养盆里喂养，放一层经过消毒的厚2～3mm的麦麸让其采食，饲料为虫重的10%～20%，5～7天后，待虫子将饲料吃完后，将虫粪用60目筛子（60目尼龙纱网制成的筛子，筛子内壁也要求光滑或用胶带纸粘一圈防护层）筛出，继续投喂饲料。幼虫经10天左右后进行第一次蜕皮，以后共要蜕6次皮左右，方才成为老龄幼虫。刚蜕皮的幼虫白嫩，筛虫皮时动作要轻，避免损伤虫体。幼虫的管理中有一件很重要的事就是饲料的投喂要科学，幼虫在15日龄前的消化功能尚未健全，因此不宜喂青饲料，但为了使虫体得到应有的水分，要在饲料上加喷轻度水分，15～20日龄后可投喂青饲料，如嫩菜叶、水果皮等。

【提示】 随着幼虫的生长，由于各虫体因生长速度不同而导致个体大小不整齐时，为了防止相互残杀，此时要大小分群饲养，可用不同目孔的网筛分离幼虫，适当加喂一些蔬菜及瓜果皮类等含水饲料。

六 蛹的管理

经过一段时间的喂养后,当幼虫长到 50 天左右,长为 2 ~ 3cm 时开始化蛹。这时要加强对蛹的护理工作,由于蛹的防御能力很弱,不摄食,也不活动,可以说几乎没有防御能力,加上刚化蛹时的躯体相当娇嫩,因此不能与幼虫混养,否则幼虫会咬死蛹,造成损失。预防方法很简单,就是及时把新化的蛹拣到饲养盆饲养,盆里先放一层 3 ~ 5mm 厚的麦麸。虽然蛹期不吃不动,但也要呼吸,进行体内的新陈代谢,所以管理上也不能放松,要放在通风、干燥、温暖的地方,要保证环境温度适宜。

⚠️ 【注意】 经过多次试验表明,如果将蛹封闭放置,三天后就会发生死亡腐烂现象,一般由蛹到成虫的成活率为 95% 以上。

七 成虫的管理

刚开始,蛹头大,尾部小,两足向下紧贴胸部,呈白色,后逐步变黄,在温度 25℃ 左右时经过一周就可以蜕皮变成成虫,刚蜕变的成虫乳白色,经 10h 变黄,两天左右变黑色,蛹羽化变为成虫后,就要为其提供产卵环境。即把羽化的成虫放入产卵的盆(或箱)中,在盆或箱底部铺一张纸(可用报纸),然后在纸上铺一层约 1cm 厚的精细饲料,将羽化后的成虫放在饲料上,在 25℃ 时,完全羽化成熟的成虫,约 6 天后开始交配产卵,繁殖第二代。

没有性成熟的成虫,虽然它们的飞行能力极弱,但由于它们的活动能力和攀爬能力较强,因此养殖盆要求的深度在 30cm 以上,内壁一定要光滑。投饲料的量一般是以成虫总体重的 15% 左右为宜,除用混合饲料加复合维生素外,另加适量含水饲料,如菜叶、瓜果皮等,不仅可给成虫补充水分,而且可保持适宜的环境湿度。6 ~ 9 月气温特别高,虫体内必须有足够的水分来保持正常的新陈代谢,故要多添加青饲料,这时的青菜、青草、莴苣也比较多,都可以作为饲料。同时要多打开门窗通风,地面经常洒水,在饲养房内设置 2 个水盆等,使虫室湿度在规定的范围内,秋冬季及初春虫室要保温、加湿,使室内温度在 25℃ 以上最好(图3-14)。

性成熟的成虫，很快就要产卵繁殖了，这时要把它们放进特制的产卵盆内，再在下面一层放上接卵用的白纸。黄粉虫为群居性昆虫，交配产卵必须有一定的种群密度，即有一定数量的群体，交配产卵方能正常进行。一般密度为每平方米虫箱养 1500～3000 只。成虫产卵期应投喂较好的精饲料，这时可以人工配制饲料，通常可用小鸡料 90%、进口淡鱼粉5%、禽用骨粉 5% 制成，青

图 3-14　成虫的管理与投喂

饲料如菠菜、西瓜、冬瓜、南瓜、胡萝卜、山芋、菜叶等要喂足。配合饲料加适量水捏成小团，投放在产卵盆四个角内，但配合饲料的水分千万要控制好，不能过多，否则含水饲料喂多了，会造成饲养盆内的湿度过大，虫子容易患病，死亡率很高。青饲料切成小片放置盆内，每天投喂 2～3 次，由于成虫是负趋光性小动物，它的夜间活动量大，食量随之增加，因此傍晚投料要充足，投料量以第二天早上吃完为宜，不要新陈相接，以免造成浪费，同时陈的饲料长期不吃会发生霉变，导致黄粉虫生病。一般每 5 天左右，可以停食半天，当仔细观察后，如果发现虫粪中已经没有大的饲料颗粒，底部基本上是均匀的细小的虫粪颗粒时，此时可以用 40 目或 60 目的筛子将虫粪筛出，然后继续投喂，有的生产量小的养殖户每天都筛，这样也是可以的，但是工作量会加大，建议 5 天左右筛一次就可以了。

黄粉虫的交配产卵过程，这里不再赘述，交配后的雄虫容易死亡，要及时清理出死虫的尸体，防止其腐烂发臭，传染疾病。

第五节　箱养黄粉虫

一　箱养黄粉虫的优势

箱养是黄粉虫养殖最常用的方法，它具有以下几个优点：

1）适应范围广，可以适合中、大型规模的养殖。

2）操作方便，尤其是在换箱、清粪、分离时很方便。

3）木箱较为轻巧，搬动方便，可一层层叠放，通过叠加的方式来充分利用空间，这样可以提高空间利用率，减少占地面积，相对增加单位体积的产量，因此许多养殖户进行大规模饲养黄粉虫时，就根据需要做一定数量的木箱，在室内架起，进行立体饲养。

4）取材方便，用农村常见的木材就可以制作，如果是用塑料箱，市场上可以很方便地买到。

5）养殖产量高，根据养殖户的经验表明，$1m^2$ 的虫箱，可以养殖 3 ~ 5kg 的黄粉虫，每养 500g 黄粉虫需 1.5kg 左右的麦麸，在不影响工作的正常情况下，一个人利用业余时间可以养 $15m^2$ 左右的木箱。按每条成虫繁殖 2000 条计算，一年可繁殖 4 代左右，那么一年可产 200kg 左右的黄粉虫，这样的产量还是相当惊人的。

6）技术易掌握，一旦正确掌握了箱养黄粉虫的技巧，黄粉虫的繁殖量和养殖产量会大大增加，经济效益会显著提高。因此现在大部分养殖户都使用这种箱养技术。

二 设备准备

箱养黄粉虫的养殖设备主要是养虫箱，这是养殖的基础，还有就是供繁殖用的集卵箱，当然用于分离虫粪的筛子或箩筐也是不可或缺的。

1. 木质养虫箱（图 3-15）

目前在农村采用箱养黄粉虫技术的养殖户，大多数都采用木质养虫箱，这是因为在农村用木箱的成本会很低，可降低养殖风险。顾名思义，这种养虫箱是用木质板材制作的，这些板材可以是实木板、密度板、胶合板或者是其他板材，最好是用实木板，当然在制作家具或砌房造屋时，那些边框下脚料也是不错的选择，既利用了那

图 3-15　木质养虫箱

54

些边料，减少浪费，又可以通过养殖黄粉虫来取得一定的经济收入。因黄粉虫惧怕明水，用塑料盆养虫时，饲料水分稍大一些，盆底就会出现明水，对虫子有害，与塑料盆相比，木盒有一定吸潮作用，即使饲料湿度大一些，对黄粉虫也不会造成危害。当然用木质养虫箱也有它的缺点，主要是箱体的体重较大，在周转操作时劳动强度较大。

木质养虫箱一般是以卯榫制作，也可以用钉钉上，但一定要注意，用铁钉钉上时，不能让钉子露出边框。边框用1cm厚的木板制作，长度则要根据实际情况而定，一般长与宽的比例为2∶1，底部用三合板或纤维板制成，当然农村的木料较多的话，也可以用木板。养虫箱的内侧要求光滑，深25cm左右，以防逃跑。通常是将箱侧板的内侧用砂纸打磨光滑，然后用5cm宽的胶带纸或蜡光纸贴上一圈，用手轻轻压平，可以有效地防止虫子外逃和产卵不定位，也可以用塑料薄膜钉好。

2. 塑料养虫箱（图3-16）

塑料养虫箱的来源主要有两种，一种是直接从市场上购买，以长方形为宜，长与宽的比例为2∶1，深为20cm左右，有时市场上没有合适的长方形箱，用正方形的也可以。另一种来源就是自己设计尺寸，然后到塑料生产厂定做，这样的话，能够做到箱子的量足，而且合乎标准，适用于规模化养殖。

图3-16　塑料养虫箱

> 🔵 【提示】　塑料箱子的优点是来源方便，本身较轻，好操作，缺点就是它的底部不像木质箱那样能渗透过多的水分，容易积水，当养殖环境的湿度过大时或投喂的青饲料过多时，往往会发现有部分水积在塑料盆中，从而造成底部的黄粉虫死亡。

3. 集卵箱

顾名思义，集卵箱就是为了收集成虫所产的卵而准备的特制的箱子，实际上它并不是一个箱子，而是由一个养虫箱和一个卵筛共同组成的，卵筛的外径规格比养虫箱小一号，根据生产实践，一般可以小 10% 左右，这样的目的是方便卵筛装入养虫箱和从箱中及时取出卵筛。集卵箱一般是特制的，常用木材制作，内侧要求光滑，处理方法同前面的木质养虫箱，深度和养虫箱一样，卵筛底部要钉上铁窗纱，使卵能漏下去。

集卵箱的目的有三个，一是为了减少成虫对卵的蚕食而造成损失；二是为了减少饲料、虫粪对卵的污染，造成卵的发育不良；三是为了方便收取卵箱或接卵纸。

集卵箱的使用方法也很简单，先在养虫箱底部铺上一张洁净的报纸，便于收集卵，然后在报纸上均匀地铺设一层 3～5mm 厚的麦麸作为集卵饲料，接着将经过选择可用于繁殖的成虫放在卵筛中，最后将卵筛放入养虫箱内就可以了。到了产卵的时候，雌性黄粉虫会将产卵器伸到卵筛的纱网下面，将已经受精好的卵产在卵筛下面的集卵饲料中，最后通过分离卵与饲料就可以得到比较纯净的卵了，再将卵进行孵化就可以繁殖下一代了。

4. 筛网

筛网的目的是筛选和分离用的，主要是用于筛除虫粪和虫体、不同大小的幼虫个体、卵和饲料等。筛网的结构可以是圆形的，也可以是长方形的，从方便操作的角度来考虑，建议养殖户使用圆形的筛网。为了防止黄粉虫顺着筛网爬走，筛网的四周也要保持光滑，可用硬质塑料薄膜贴一圈，筛网的高度在 35～45cm 为宜，使用筛网时要小心一点，动作不能太大，以免造成撞击力导致虫体破损。

筛网的网目可以多备几种，既要能满足分离不同个体所用，也要能满足分离卵所用，通常用的筛网网目有 120 目、100 目、80 目、60 目、40 目、30 目、10 目和普通铁窗纱或塑料窗纱等几种。一般是 1 龄的幼虫用 100 目筛网除粪，2 龄的幼虫用 60 目的筛网除粪，3 龄以上幼虫用 40 目筛网除粪，10 目的筛网可用来分离幼虫及蛹，其他的网目当然也各有用途了。

筛网的使用时机：一是连续投喂了 5 天左右后，当虫子将养虫箱内的饲料吃完时，用筛网筛走虫粪；二是当饲养了一段时间后，黄粉虫的密度较大而且个体生长出现了明显的差异时，这时为了防止弱肉强食的惨剧发生，要及时将大小不同的个体分离，就要用到筛网了；三是在收集到卵后，要及时将集卵饲料从卵中分离出去，这时也要用到筛网；四是分离蛹和幼虫时，也要用到筛网。总之筛网是非常重要的辅助养殖用具，一定要准备好。

5. 养虫箱架

用箱养黄粉虫时，不可能是一两个箱子，当箱子多了的时候，就有个叠放的问题，在实际操作中，箱子的叠放方式很多，有交叉式叠放、层递式叠放、放在架子上叠放等，但是如果叠放不好的话，就会容易翻倒，给养殖造成一定的麻烦，尤其是塑料养虫箱，它的周身比较光滑，很难上下放好，所以养虫箱架就应运而生了。

养虫箱架的大小、材料、样式和规格都不是固定的，是养殖户根据自己的具体情况自行设计的，总的要求是能放稳、占地少、充分利用空间、方便操作。繁殖箱一定要用规格整齐的箱架，这样便于管理，主要是便于用报纸或窗帘遮挡光线或便于冬季保暖（图 3-17）。

图 3-17　养虫箱架

在规模化养殖时一定要使用养虫箱架，这是提高生产效益和利用空间的主要措施之一。养虫箱架一般也是木制的，当然也可以用铁制的，毕竟铁制的更加牢固，但是铁制的太沉重，搬运极不方便。所以目前大部分养虫箱架都是木制的，箱架间距一般比养虫箱宽 5cm 左右即可，长度和养虫箱的长度一样就可以了，可以像超市里的货架一样分层摆放，这样会更加整齐、美观、稳定，也方便操作。

也有的养殖户并没有采用养虫箱架，那么不同的箱子是如何叠放的？在生产实践中，发现一些养殖户在冬季是将相同结构的箱子上下重叠放置，这样的话有助于保温，但不利于氧气的供给，到了夏季也不利于通风散热，会造成黄粉虫死亡。于是有的养殖户就做了略为科学的改造，就是在两个养虫箱之间用两根木条支撑，这样既可以达到相互叠放的目的，又可以起到通风散热的作用，木条的长度要比木箱长一些，宽和厚一般为5cm左右就可以了。值得注意的有两点，一是这种方法适用于箱子叠放层次不多的情况使用，二是在通风良好的情况下使用，而且更适用于木箱。

三 虫体选择

虫体的选择方法和盆养方法是一样的，总的要求是选择优质虫种（彩图3-12），生长性能不好和伤残的都不能要。

四 放养密度

根据生产实践表明，幼虫在饲养箱中的厚度以1.2cm为宜，不能超过1.8cm，以免发热。参考密度为$5 \sim 8kg/m^3$，根据这种密度可以推算，一个养虫箱可以养殖幼虫$0.7 \sim 1.0kg$，具体的密度要依据个人的养殖技术、养殖经验和环境条件而定，同时也与季节有一定关系，例如，冬季虫子的密度可以适当增加10%左右，而夏季虫子的密度也要相应减少10%左右。

根据测算，黄粉虫的养殖密度可以用具体数字表示出来，现将不同时期黄粉虫幼虫的个体数列出来，养殖户可以根据这个数字大概测算出自己的养殖数量或鉴定一下养殖密度是否合适，以500g的黄粉虫个体数量计算，刚刚出壳的幼虫约50万只，1～2日龄幼虫，约有30万只，3日龄虫约有15万只，4日龄虫约有6万只，5日龄虫约有3万只，6日龄虫约有1万只，7日龄虫约有8000只，8日龄虫约5000只（表3-1）。

表3-1　黄粉虫的个体数量/500g　（单位：万只）

日龄	0	1～2	3	4	5	6	7	8
数量	50	30	15	6	3	1	0.8	0.5

五 幼虫的管理

幼虫的饲养是指从孵化出幼虫至幼虫化为蛹这段时间的饲养，这个过程是养殖生产的关键，一方面是它的增重倍数大，另一方面此时的虫体是最希望得到的成果。

在卵孵化前先进行筛卵，以取得相对纯净的卵，筛卵时首先用筛网将箱中的饲料及其他碎屑筛下，然后将卵纸一起放进孵化箱中进行孵化。孵化箱与产卵箱的规格相同，但箱底放置木板，这样一个孵化箱可孵化 1~3 个卵箱筛的卵纸，值得注意的是所有的卵纸不能堆放在一起，这样会使小幼虫死亡，科学放置的方法是将不同的卵纸分层堆放，层间用几根小木条隔开，以保持良好的通风。然后在卵上盖一层青菜叶，以保持适合的湿度。这样虫卵在孵化箱中，保持室温 25℃ 左右时，经 3~5 天可孵出幼虫。将孵出的幼虫从卵纸上取下移到饲养箱里喂养，放一层经过消毒的厚 2~3mm 的麦麸让其采食。如果孵化箱比较充足，可以将幼虫留在原箱中饲养，在 3 日龄前不需要添加混合饲料，原来的饲料就够食用，但要经常放菜叶，让幼虫在菜叶底下栖息取食。

当箱中饲料吃完后，进行过筛，筛出虫粪，将幼虫仍放回箱内饲养，并添加 3 倍于虫体重的混合饲料，以麦麸为主。饲养实践表明，一般投喂 2.5kg 麦麸可收黄粉虫 1kg。虫体长至 4~6 日龄时，可采收来喂养蝎子等动物。用来留种的幼虫则继续饲养，到 6 日龄时因幼虫群体体积增大，应进行分群饲养，幼虫继续蜕皮长大。幼虫经 10 天左右进行第一次蜕皮，以后共要蜕 6 次皮左右，方才成为老龄幼虫。

幼虫的管理中有一样很重要的事就是饲料的投喂要科学，幼虫在 15 日龄前的消化功能尚未健全，因此不宜喂青饲料，但为了使虫体得到应有水分，要在饲料上加喷轻度水分，15~20 日龄后可投喂青饲料，如嫩菜叶、水果皮等。随着幼虫的生长，由于各虫体因生长速度不同而导致个体大小不整齐时，为了防止相互残杀，此时要大小分群饲养，可用不同目孔的网筛分离幼虫（彩图 3-13）。

因季节不同，管理方法也不同，如夏天气温高，幼虫生长旺盛，虫体内需要有足够的水，故必须多加含水分多的青饲料，有时还要通风降温；冬季，虫体含水量小，必须减少青饲料的投喂量。

⚠️【注意】 基本上同龄的幼虫，应在一起饲养，不能大小相混，使投食方便。如果旺盛幼虫则需补充营养物质，老幼虫则不需要。

当然，如果是将黄粉虫的幼虫当作饲料，直接用来投喂蝎子、观赏鱼时，可把卵纸放在脸盆中孵化出幼虫，在盆中饲养幼虫除了要提供足够的饲料外，主要是做好饲料保湿工作，湿度控制在含水量为15%，当幼虫至3～4日龄时，把幼虫筛出投喂蝎子等动物。

还有一个日常工作就是要及时筛掉幼虫的蜕皮壳和粪粒，以便于及时添加饲料。

六 蛹的管理

经过一段时间的喂养后，当老熟幼虫长到50天左右，长为2～3cm时开始化蛹。老龄幼虫在化蛹前四处扩散，寻找适宜场所化蛹，这时应将它放在包有铁皮的箱中或盆中，防止逃走。这时要加强对蛹的护理工作，由于蛹的防御能力很弱，可以说它几乎没有防御能力，加上刚化蛹时的躯体相当娇嫩，因此它不能与幼虫混养，否则幼虫会咬死蛹，造成损失。预防方法很简单，就是及时把新化的蛹拣到饲养箱饲养，箱里先放一层3～5mm厚的麦麸。化蛹初期和中期，每天要拣蛹1～2次，把蛹取出，放在饲养箱中，避免被其他幼虫咬伤。虽然蛹期不吃不动，但它也要呼吸，进行体内的新陈代谢，所以管理上也不能放松，要放在通风、干燥、温暖的地方。

七 成虫的管理

刚开始，蛹头大，尾部小，两足向下紧贴胸部，呈白色，后逐步变黄，在温度25℃左右时经过一周就可以蜕皮变成成虫，刚蜕变的成虫乳白色，经10h变黄，两天左右变黑色，完全羽化成熟的成虫，经交配产卵，繁殖第二代。刚孵化的成虫，虫体较嫩，抵抗力差，不能吃水分过多的青饲料，而其他成虫则无所谓。

没有性成熟的成虫的管理同本章第四节盆养黄粉虫中成虫的管理。

成虫饲养的任务是使成虫产下大量的虫卵。性成熟的成虫，很快就要产卵繁殖了，这时要在虫体体色变成黑褐色之前把它们放进特制的产卵箱中饲养，再在下面一层放上接卵用的白纸。成虫产卵箱规格的长、宽、高分别为60cm、40cm、15cm的木箱，底部钉上网孔为2～3mm的铁丝网，网孔不能过大，否则成虫容易掉下逃走，但也不能太小，不然箱内的杂物筛不下来。

> **【提示】** 箱内侧四边镶以白铁皮或玻璃或硬质塑料薄膜，也可用透明胶条粘贴一圈，防止虫子逃跑。

投放雌雄成虫的比例为1:1。在投放成虫前，先在箱底下垫一块木板，木板上铺一张纸，让卵产在纸上。箱内铺上一层1cm厚的饲料，这样才能使成虫把卵产在纸上而不至于产在饲料中。在饲料上铺上一层鲜桑叶或其他豆科植物的叶片，使成虫分散隐蔽在叶子下面，并保持较稳定的温度。然后再根据温度和湿度盖上白菜，如果温度高、湿度低时多盖一些，蔬菜主要是提供水分和增加维生素，随吃随加，不可过量，以免湿度过大菜叶腐烂，致使成虫生病，降低产卵量（彩图3-14）。

成虫在生长期间的管理同本章第四节盆养黄粉虫中成虫的管理。

成虫产卵时多数钻到纸上或纸和网之间的底部，伸出产卵器穿过铁丝网孔，将卵产在纸上或纸与网之间的饲料中，这样可以防止成虫把卵吃掉的食卵现象，约每隔2天取出产卵纸，换上新白纸。将收到的同期卵放进饲养盒让其孵化，这样，虫生长整齐，减少自残，便于管理。

黄粉虫的交配产卵过程，这里不再赘述，成虫连续产卵3个月后，雌虫会逐渐因衰老而死亡，未死亡的雌虫产卵量也显著下降，因而饲养3个月后就要把成虫全部淘汰，以免浪费饲料和占用产卵箱，提高生产效益。而交配后的雄虫容易死亡，要及时清理出死虫的尸体，防止其腐烂发臭变质，招来病菌，传染疾病。

第三章 黄粉虫的饲养

第六节　水泥池养殖黄粉虫

水泥池养殖黄粉虫也是一种高密度精细养殖技术，在农村也常见。

一　水泥池的修建

水泥池最好修建在室内，具有防老鼠、壁虎、蚂蚁、野鸟的作用，同时要防止阳光直射，尽可能保持室内黑暗，为了保证夏季能快速散热，要求有一定的通风系统。

水泥池多数为正方形或长方形，方形池较易于管理，但长方形池可有利于提高养殖池的边长，有利于提高黄粉虫的养殖产量，也有一些养殖户使用圆形水泥池，总之只要适用就可以了。如果是多个水泥饲养池串联或并联，则水泥饲养池的形状最好是长方形。一般面积要求为 $15\sim35\text{m}^2$，池深 $30\sim60\text{cm}$，便于喂饵、观察，每天也有 2h 左右的光照就可以了。

在室内修建水泥池时，应该考虑到水泥池的通风和照明。水泥池的形状、尺寸可根据需要而定。池子可建成地上式或半地上式，池底的设计要有利于集中排污，从保温的角度考虑，建议采用半地上式的修建模式。

在修建时，先用砖砌成池子，再用水泥做护面。为了防止水泥池漏水或渗水，作为护面的水泥一般要涂抹四层。

> ⚠️ **【注意】** 池内墙壁要用水泥抹平，保持光滑，池面尽量宽阔，不宜采用凹凸不平的石头，以免黄粉虫收集不方便，也为了防止黄粉虫逃逸，当然池边如果有反檐防逃设备那就更好了。

新修建好的水泥池，约 5 天水泥凝固，但是不能马上使用。因为水泥中含有相当数量的碱性盐类，所以在使用前要洗除强碱性物质，这一过程通常称为去碱，经试验无毒后才能放养黄粉虫。去碱的方法通常有四种：第一种方法是在新池注满水后，每 1m^2 面积水泥池加入约 50g 冰醋酸均匀混合，24h 后排出；再重复 1 次上述操作，经 $3\sim5$ 天后排走；最后再放清水浸泡 $2\sim3$ 遍即可。第二种方法是用 1000mg/L 过磷酸钙溶入水中浸泡 $1\sim2$ 天，洗涮水池表面，中和碱性，然后注满水浸泡数天，再用清水冲洗 1~2 遍即可。第三种方法就是用硫代硫酸钠去除水泥中的硅酸盐，然后用漂白粉消毒，最后用清水漂洗即可。第四种方法最简单，但效果相对较差，就是用清水把水泥池浸泡冲洗 1~2 周后再排干，经日光暴晒 2 天后，再用清水洗 2 遍就可以了。

二 水泥池的温度控制

水泥池养殖的一个重要特点就是一旦养殖后，就不方便轻易地搬来搬去，因此要求水泥池的温控系统良好，夏季要能控制在 33℃ 以下，根据生产安排，冬季如果需要连续繁殖生产时，就要求水泥池的温度控制在 15℃ 以上，最好能达到 20℃ 以上，为了达到最好的养殖效果和保温性能，建议北方从 9 月下旬就开始加温，南方从 11 月开始加温。如果不需要继续生产，可让其以幼虫的形态自由越冬，但要确保池内的整体温度不能太低，最好不要低于 -5℃，以保证越冬的幼虫不至于被冻死，从而造成损失。

如果加温、保温适当，每年可增加黄粉虫繁殖 3~4 代。目前水泥池在越冬保温方面的方法主要有以下两种：

1）用人工煤、电加热保温的方法，虽然可以造成黄粉虫越冬的小生境，但是一般投资较大，会耗费大量能源，故成本很高。

2）将水泥池建设在玻璃暖房内，暖房内多见的是砖砌水泥抹面养殖池，也有阶梯式养殖池，可以充分利用玻璃暖房空间。玻璃暖房四壁要求北高南低，暖房顶部盖玻璃向南倾斜，有利采光，密封室暖房一侧开小门，另一侧设通气孔。暖房普遍用立式小锅炉加温，此法有利于管道注入蒸汽提高水温，也有依靠锅炉提高气温的。玻璃暖房顶上加盖稻草帘。寒潮时还须盖上塑料薄膜，天晴回暖，打开薄膜、草帘，让阳光透进房内。

三 水泥池的养殖技术

黄粉虫生长适温为 25~35℃，室内空气湿度以 65% 左右为宜。在长江以南一带一年四季均可养殖，在特别干燥的情况下，黄粉虫尤其是成虫有相互蚕食的习性。

饲养前，首先要在水泥池内放入经纱网筛选过的细麸皮和其他饲料，再将黄粉虫的幼虫放入，幼虫密度以布满池底，且最多不超过3cm厚为宜。最后上面盖上菜叶，让虫子生活在麸皮菜叶之间，任其自由采食。虫料比例是虫子1kg、麸皮1kg、菜叶1kg，刚孵化后的幼虫以多投玉米面、麸皮为主，随着个体的生长，增加饲料的多样性。每隔一星期左右，换上新鲜饲料并及时添补麸面、米糠、饼粉、玉米面、胡萝卜片、青菜叶等饲料，也可添加适量鱼粉。每10天左右清理一次粪便（彩图3-15）。

在水泥池里饲养的黄粉虫幼虫要蜕皮15~17次，每蜕皮一次就长大一点，当幼虫长到2cm时，便可用来投喂动物，当幼虫继续生长到体长3cm时，颜色由黄褐色变浅，且食量减少，这是老熟幼虫的后期阶段，会很快进入化蛹阶段。这时要及时将蛹从幼虫中拣出来集中管理，蛹期要调整好温度与湿度，以免发生霉变。蛹经7~9天，就可以羽化成为成虫，成虫活30~60天。

> 【提示】 在饲养的过程中，卵的孵化以及幼虫、蛹、成虫要分开饲养。当大龄幼虫停止吃食时，要拣出来放于另一水泥池里，使其产卵，经1~2个月的养殖，便进入产卵旺期，此时接卵纸要勤于更换，每5~7天换一次，每次将更换收集的卵粒分别放在孵化箱中集体孵化。

第七节　大棚养殖黄粉虫

养殖黄粉虫可在普通民房开展，城乡居民住房及旧粮仓粮库等都可利用。也可建设简易大棚养殖，这是一种高效而廉价的养殖新方法。塑料大棚在农业上的应用已经十分广泛，而且技术十分成熟，尤其是在种植业上更是相当发达。在养殖业上也常有应用，利用塑料大棚进行黄粉虫的养殖也是可行的，根据生产实践，通常采用半地下式塑料大棚养殖黄粉虫（图3-18）。

一　大棚养殖黄粉虫的优点

1）大棚的投资相对较小，仅需要棚体支撑和塑料薄膜即可，利用得好，也可以重复利用和长期利用。

剖面图

正视图

图 3-18　半地下式塑料大棚饲养黄粉虫

2）选用棚址灵活，可以因地制宜地发展黄粉虫的养殖。

3）大棚温控性能好，冬季白天可以利用塑料薄膜吸收太阳能，晚上利用薄膜封闭大棚，达到保温的效果，在夏季也可以利用半地下式的优势来及时降低温度。可以说，大棚养殖黄粉虫的温控成本很低。

4）大棚的面积和长度可以灵活掌握，根据各位养殖户的技术条件、生产成本和市场情况而定。

二　大棚建设的关键问题

在利用半地下式大棚养殖黄粉虫时，一定要注意把握以下几个关键问题，这些问题可以说直接影响到养殖黄粉虫的产量和成功与否。

1）场地的选择要有讲究，不是什么地方都可以挖个沟槽，盖上塑料薄膜就能养殖黄粉虫的，由于黄粉虫对湿度是有一定讲究的，因此在选择棚址时一定要避开低洼易积水的地面。

2）大棚要方便照管，主要是要有电能供应、道路通畅。

3）所选的场地要相对空旷开阔，气流要通畅。

4）要远离污染场所，例如，附近不能有化工厂和农药厂存在。

5）要有防止鼠害和蚂蚁的设施，通常是在地平面墙围基础上至少应有 35cm 高的砖砌部分。

6）为了防止雨季雨水倒灌入大棚内，应在大棚外沿着棚基开挖一条有效的排除雨水的沟涵。

7）为了保证大棚内的空气新鲜，要加强排气换气设施建设，通常是在地面的墙面部分每隔 10 ~ 12m，安装一个 100W 的排风扇。

8）在夏季，如果温度过高时，白天可以在大棚顶部加盖黑色的遮阳网来降温，也可以用草帘铺在棚顶，然后在顶部浇水或用水冲洗大棚来达到降温的目的。而在冬季则是为了加温保温，此时可在白天掀开草帘，让大棚接受光照，在晚上则覆盖上草帘来保温。根据实践经验，这种半地下式的塑料大棚保温性能是相当好的，冬季可以比普通房间温度升高 5 ~ 10℃，完全能达到黄粉虫幼虫越冬的需要，如果还要让它继续繁殖、连续生产的话，可以通过人工加温的措施来达到目的。

三 大棚的建造

1）开挖棚体。选择地面平坦、阳光充足的地方作为棚址，在选好的地址上开挖长、宽、深合适的沟槽，由于冬季阳光斜射入棚，所以塑料大棚要南北延长。挖好沟后要进行科学处理，将池底整理平坦，用泥土夯实或用水泥砖垒均可，无淤泥，夯实成硬底质，宽 5 ~ 7m，池深以 0.8 ~ 1m 为宜，在底部放些瓦片、竹枝供黄粉虫隐蔽。通常是根据生产需要，将沟槽建设成土池或水泥池，这并无大碍，关键是要经过测算后哪种更划算，建设成水泥池的话，可以说是一次性投入，多年利用，而且很牢固。如果是建成水泥池，在放养黄粉虫前还要用一层硬质塑料薄膜将沟槽的底部和两边围起来，这样一方面可以防止积水渗漏，另一方面也方便将来的操作管理，而且投入也不多。大棚四周堤坎都需高出地平面 15 ~ 25cm，以防雨水流进池内而降低池水水温。不要使阳光直射进来，在前后左右墙壁上安装数个门窗用于通风或透光即可。

2）架设大棚。在沟槽上用竹木、水泥制件或铁管等材料做支柱和拱架来搭设棚架，使整个大棚呈"△"形或"人"字形，棚架上盖两层塑料薄膜，覆盖材料为无滴聚氯乙烯薄膜或聚乙烯软质薄膜，薄膜与地面相连接的四周用稀泥封闭，以维持养殖池的温度。为了保持棚内温度，墙和顶部都要用薄膜覆盖。

> ⚠️ 【注意】在建大棚时还要注意的一点，就是应尽量降低空间高度，只要不影响操作就可以，一般为1.5m左右就可以了，这样可减少空间，尽量使热量少损失。
>
> 在选用薄膜时也要注意，无滴聚氯乙烯薄膜重量轻，透光性能好，保温性强，热传导率低，抗张力大，故使用寿命长。目前农用薄膜最长寿命可达2~4年。无滴聚乙烯薄膜透光性更好，但其保温性、抗张力、伸长率都较差，拉长后不能复原，容易硬化。在使用时，它不会散发出有害气体。虽然两者都可使用，但还是建议养殖户用双层无滴聚氯乙烯薄膜。

3）温度控制。在外界温度较低时，应注意做好塑料大棚的保温工作，在有条件的地方，棚内可放置家用取暖炉，但必须配备烟道，越冬期间，遇天气晴朗暖和的日子，待日出后可将南端薄膜掀开2~3m²以调节交换空气，使阳光直射大棚表层，从而提高温度，日落后仍将薄膜盖严，并在棚顶的塑料薄膜上加盖草帘，或在薄膜中间夹草苫子遮光保温。也可以在塑料大棚内加入电热器进行加温，一般在面积4~5m²的大棚越冬池中，安装1台0.5~1.0kW的电热器，并采用控温措施。在夏季要将两端的塑料薄膜全部打开，以利于空气对流，从而达到降温和保持空气新鲜的作用。在酷热的正午，要将大棚上方用黑色遮阳网遮好（图3-19）。

图3-19　塑料大棚示意图

四 大棚的养殖技术

放养前，棚内池子应用生石灰和漂白粉进行彻底消毒，以杀灭池中的病原体，然后再放养黄粉虫。放养黄粉虫前一定要对黄粉虫进行仔细认真的挑选，选取那些个体大的，生活能力强的虫子，在一批中要尽可能选择规格整齐、色泽鲜亮的个体。

> ⚠ 【注意】 那些身体有残缺、个体较小、身体发黑的虫子要坚决剔除掉。

大棚养殖黄粉虫的密度也有讲究，根据生产实践表明，幼虫在棚中的厚度以 1.5~2cm 为宜，最好不要超过 2.5cm，具体的密度要依据个人的养殖技术、养殖经验和环境条件而定，当然到了冬季时，虫子的密度可以适当增加 10% 左右，夏季密度则可以相应减少 10% 左右。

将孵出的幼虫从卵纸上取下移到大棚里喂养，放一层经过消毒的厚 2~3mm 的麦麸让其采食。幼虫须经不断地蜕皮才能生长，刚蜕皮的幼虫白嫩，在日常管理和检查时一定要小心，注意不能损伤虫体。随着幼虫的生长，会发生个体大小不整齐的现象，此时要及时进行大小分群饲养，可用不同孔目的网筛分离大小幼虫。

当幼虫长到 2~3cm 时开始化蛹。蛹的躯体相当娇嫩，而且抵御能力极差，因此要及时把新化的蛹拣到另外的箱中进行专门饲养，饲养箱要放在通风、干燥、温暖的地方。

用大棚养殖黄粉虫，要做好温度、湿度调控。黄粉虫的最适宜生长温度为 24~35℃，若超过 40℃ 则会死亡，低于 10℃ 进入冬眠。蛹在温度 25℃ 左右时经过一周就可以蜕皮变成成虫，成虫的投喂量一般是以总体重的 15% 左右为宜。在夏季气温特别高时，虫体内必须有足够的水分，来保持正常的新陈代谢，故要多添加青饲料，如青菜、青草、莴苣都可以作为饲料，同时要打开薄膜通风。为采光升温，在晴天要早揭草苫，充分利用光照，增加棚内温度，多蓄热；下午早盖苫保温。夜间温度低时，可在大棚内点燃煤炉，使温度至少保持在 20℃ 以上。若大棚内湿度太低时，可在煤炉上放水壶，让水壶里的水经常保持沸腾状以增湿增热，为大棚内保温、加湿。冬季在门窗上挂厚草帘或棉帘以保温，夏季在大棚上覆盖遮阳网以降温。

⚠ 【注意】 成虫的产卵与孵化与其他养殖方式是相同的，值得注意的是，交配后的雄虫容易死亡，要及时清理出死虫的尸体，防止其腐烂发臭，传染疾病。

第八节 规模化养殖黄粉虫

黄粉虫虽然身价不凡，但规模化饲养却能取得较好的效益，总的来说，只要掌握规模化生产的技术要领，养殖它也是比较简单的，而且其饲料来源广，用工少，只要容器内壁光滑能防逃即可，一般情况下，一人可管理几十平方米甚至上百平方米的养殖面积，也可以立体生产。具有投入成本低、经济效益高的优点，平均每 1.25kg 的麦麸，加上一点青菜就可以养殖 0.5kg 的黄粉虫，一般在 $10m^2$ 的房间内进行立体养殖，每月可生产出成虫 200～400kg。饲养黄粉虫不受地区、气候条件限制（即使在 -10℃ 也不会冻死），黄粉虫无臭味，也无其他异味，可以在居室角落里养殖，实践证明，只要掌握正确的饲养方法，其成活率可达95%。

一 规模化养殖的基本理念

规模化养殖黄粉虫也叫工厂化养殖黄粉虫，有的也叫立体式养殖黄粉虫。规模化养殖是一个相对的概念，通常分为家庭小规模养殖和工厂化大规模养殖两种，规模化养殖是黄粉虫养殖从量到质的一个飞跃，通过规模化可以便于实施规范化科学技术管理措施，实现机械化

图 3-20 用塑料盆规模化养殖黄粉虫

养殖的应用，甚至能做到产、供、销一条龙服务的产业链，可以大幅度地降低养殖成本，提高经济效益（图 3-20）。

> 【提示】 立体化养殖是指在养殖中采用多层次立体饲养形式，提供适宜的温度、湿度，使用营养全面的商品型饲料和适宜的工具以及科学的饲养方法，以最低的成本和最短的时间，获得最大的经济效益。

家庭小规模养殖一般是在居室内，只要有合适的面积和器具即可生产，小面积加温方法的主要设施是土暖气或用带烟罩的煤炉子，适用于年产 2 吨左右的产量。对房间也有一定的要求，就是要能够防止强光照射，方便冬季加温至 10℃以上、夏季降温至 32℃以下的要求，同时要能有效地防鼠害和蚂蚁，室内空气的相对湿度控制在 80％以内。当然对于那些新装修的房屋，还要求室内不能有挥发性的有害气体，如油漆、汽油、农药及其他一些挥发性的有机溶剂等。只要是符合以上条件且不漏雨的楼房、平房、瓦房、草房都可以用来养殖黄粉虫。

工厂化大规模养殖则要严格得多，从产量上讲，它基本上突破了年产量 20 吨左右的规模，它要有专门的养殖场所、有专门的技术人员和服务管理人员，甚至还要有专门的深加工环节，以提高黄粉虫的高附加值。

二 规模化养殖需要考虑的问题

黄粉虫的规模化养殖并不是说说就能做到的，要想把规模化养殖做大做强，达到黄粉虫工厂化养殖的高效益，首先要考虑和解决以下几个问题：

1. 饲料的来源要解决

就是自然饲料与商品饲料的搭配以及标准化的问题，虽然黄粉虫的饲料来源广，但是在规模化养殖时不可能天天喂一些粗枝烂叶，总得讲究效益，还是以喂养专用的配合饲料更合适，因此这就要求在配制饲料时，配制方法要经济，原材料来源要有保障，饲料成本要低廉。在饲料方面的问题基本上解决了，只要留心一下身边的原材料，如各种秸秆、各种蔬菜、各种谷糠等，加以科学配制就能达到要求。

2. 高密度养殖的技术保障

要确保提高黄粉虫的养殖密度，能做到高密度养殖，而且还要有与之相适应的使黄粉虫能适应高密度生活条件的用具和技术，能经济地利用，以达到优质高产。这种养殖技术目前已经有所突破，但还有很大的提升空间，值得在以后的生产实践和研究工作中重视。

3. 实现快速分离

要着力解决在同一时间内，能将不同虫态同时分离出来的方法，包括能及时将幼虫和蛹及时分离、幼虫和蜕的皮及时分离、虫粪和食物残渣从饲养盘里清理出来的方法，这是目前黄粉虫养殖的一大难点，也是黄粉虫实现规模化工厂化养殖的技术关键（彩图 3-16、彩图 3-17）。

4. 有效的病虫害防治方法

虽然野生的黄粉虫没有什么疾病，但是在人工养殖尤其是规模化养殖的环境下，黄粉虫还是会生病的，无论是生理性疾病，还是传染性疾病，或者是来自鼠、蛇、蛙等天敌的侵害，目前已经有了解决它们的办法，只要在养殖前多学习多请教，就能解决好这个问题。

5. 技术控制要得当

具体的适应规模化养殖的高效养殖技术和环境条件控制技术，尤其是饲养过程中的喂食方法、成虫交配产卵的条件、虫卵孵化的适宜条件、成虫在争食互残中的矛盾等，在高密度养殖下，这些问题必须要加以解决。

6. 自动化程度的开发

作为规模化养殖，走生产自动化、立体化是以后值得探索的好路子，因此对于黄粉虫养殖的生产流程及自动化装置的设计和合理利用等方面，要加大投入力量和资金。

7. 深加工要能跟得上

对养殖出来的产品要有后续开发的能力，作为规模化养殖来说，不是小打小闹，产品也不是一时半会就能销售完毕的，因此必须考虑将产品进行储藏、深层次的加工技术和质量保证等问题。

高效养 黄粉虫

三 生产场地的要求

在传统养殖方式中，饲养设施简单，常常是因陋就简，规格不一，多种多样，生产场地也是如此，这就给规模化生产统一工艺流程技术参数带来极大的不方便，而黄粉虫的规模化生产正是弥补了这种缺陷，因此在生产场地上首先就要有新的要求。总的来说，规模化生产场地要能满足以下几个条件：

1）场地选择要经济适用，便于利用各种环境。工厂化规模生产黄粉虫可新砌厂房，也可充分利用闲置空房；既可利用房舍，也可利用塑料大棚采热养殖；既可单独使用，也可两者进行有机的结合使用，即房舍与大棚连体建设，充分利用自然条件调节温度。总之，以能达到规模化经营生产为目的，又能最大限度地利用现有资源，降低投入成本为主要出发点。

2）管理方便。为了集约化管理和规模化经营，所有的生产厂房和大棚最好相近且连片，形成一定的产量规模，同时也是为了便于管理，便于技术指导和便于产品出售。购入种虫少时暂在居室一角饲养，多时要设专室，一般一间屋能养300盘虫。

3）通风性能良好。尤其是在夏季必须能满足这个条件，否则会造成大批的黄粉虫死亡，所以养殖场地要求选择通风条件好、干燥、无鼠害的房间。

4）具备加温保温的条件，最好能建设成为恒温生产养殖模式。黄粉虫的各虫态对环境温度有着不同的要求，但总体来说，要求并不高，它对环境的适应性很强，因此，要注意夏季散热、冬季保温。俗话说："寒能加暖、热不能扒皮"，饲养房内部要求的温度，冬夏都要保持在20~25℃之间，相对湿度70%，那是最好的。室内要设温度计与湿度计，虫盘中央也需插温度计测温。夏季气温高时，在地上洒水降温；冬季要保温，以保证黄粉虫正常生长发育的需要。

5）能防治敌害。选择坐北朝南的房屋，门、窗都要装纱窗，也可用质量无须太好的、宽2.5m的塑料布封好，所有房间必须堵塞墙角孔洞、缝隙，粉刷一新，以防成虫逃逸和蜘蛛、蚂蚁、蟑螂、鸟类、壁虎、鼠等天敌危害。

6）室内地面要整洁。地面要做到平整光滑，搞好养殖卫生，这样便于能干净地拣起掉在地上的虫子。

7）建筑结构合理。观察和投喂，饲养黄粉虫的场所最好选择在背风向阳、冬暖夏凉的屋里，光线不宜太强，到了冬季，可以根据屋子的宽度，用整幅的塑料布封顶，这样不会有露水滴落。安装方法：高度可在2.2m，为了不让塑料布顶棚上鼓下陷，可横着每50～80cm拉一道铁丝，把塑料布上下编好封边，然后固定铁丝、拉紧。

8）场址选择，这一点往往被养殖户忽略，最后造成一定程度的损失。黄粉虫喜欢通风安静场所，惧怕刺激性的气味，所以最好选择远离闹市嘈杂的公路及离化工厂远些的地方作为饲养厂所，最适应农村安静的环境。

四 饲养设备

规模化养殖黄粉虫所需的器具与其他方式不尽相同，一般需要单独设计的标准饲养盘、托盘、饲养架、筛盘、分离筛、产卵筛、温湿度计、孵化箱和羽化箱等。

1. 饲养盘

饲养盘是工厂化养殖中最主要的设备之一，相当于箱养技术中的养殖箱，但是饲养盘的规格更精确，要求饲养器具规格一致，数量更多，这样子就更方便确定工艺流程技术参数和进行生产管理。

各个养殖户可以根据自己的需要来设计饲养盘，最好选择梧桐木板，其具有轻便的优点，为了节约成本，也可利用旧木料自行制作饲养盘，或者采用硬纸制成纸质养殖盒，但规格必须统一。适用于工厂化规模养殖的标准饲养盘的规格一般有三种，分别介绍如下：

1）第一种规格的标准是外径：长62cm×宽23.6cm×高3.8cm，内径：长57.8cm×宽21.8cm×高2.9cm，标准饲养盘平均自身重量为429g。

2）第二种规格的标准是外径：长60cm×宽（25～30）cm×高5cm。

3）第三种规格的标准是外径：长80cm×宽40cm×高15cm。

一般生产上最常用的规格是80cm×40cm×15cm，长宽比为2:1，板厚1.5cm，底部钉纤维板或三合板，如果采用边长为80cm的饲养盘，每张三合板正好可以做9个盘底，要注意三合板的光滑面在盒外面。饲养盘内一定要衬进口的油光纸，若没有可用蜡光纸或胶带代替。为让胶带等光滑内侧的东西牢固且不让虫子外逃或咬木，要将胶带贴在盘底部且多留 2mm 再和底封严，上部用手摸不到就行了。当然饲养盘也可以采用铁皮箱、瓷盆、瓦缸和硬纸箱等替代。

> ● 【提示】 由于饲养盘的数量比较多，而且一般都是要叠放的，因此对制作饲养盘还是有讲究的，实际上，不论采用哪一种标准饲养盘，均要求标准饲养盘大小一致、坚固耐用、底面平整、整体形状规范、不能有歪歪扭扭或翘或扁的情况存在。饲养盘底部及四周壁均具透风孔，以利于通风换气散发虫体集群呼吸的热量。

饲养盘制作好后，还要做一点加工，就是在盘子的内侧特别是养成虫的饲养盘内侧贴上宽的胶带纸或用塑料薄膜纸钉好，确保内壁光滑，同时要有纱网做盖，防止黄粉虫的幼虫和成虫不致沿壁爬出或产卵不定位。

2. 筛盘

筛盘规格与饲养盘相同，底部用 1cm 方木条钉上 12 目铁纱网。养成虫的筛盘，还要在底部装一张铁纱网，使卵能够漏下去，不至于被成虫吃掉，纱网下要垫一层接卵纸，以便于收集卵块。

3. 托盘

托盘用比同组生产的饲养盘规格四周都大 2cm 的纤维板，四周边钉上约 2cm 的方木条。饲养盘饲养幼虫，筛盘放在托盘上，供蛹孵化及成虫产卵之用。

4. 饲养架

饲养架又叫立体养殖架，是在大规模饲养黄粉虫时，为了提高生产场地利用率、充分利用空间、便于进行立体饲养，特地设计研制了活动式多层饲养架。养殖架是在养虫室内架设的，以便将饲养盘多层叠起，进行立体饲养。饲养架可选择由 30mm × 30mm × 4mm 木制或三角铁或铁方管制成的多层架组装而成，架高一般为 1.6 ~ 2.0m，具体高度依操作方便和房间高度而定，既不能亏料还要实用，一般分为 6~8 层，层高为 20cm 左右，每层可以放置 6 个标准饲养盘，每架共计摆放 36～48 个标准饲养盘。架层间距要看自己的饲养盘的大小而定，注意尺寸和跨距一定要保证饲养盘抽拉自如，这样既节约了空间又不易拉掉盘子，根据经验，通常架层间距比饲养盘高度大 5cm 即可。

为了实用和降低成本，农村可以根据具体情况，因地制宜，在保证规格统一的前提下，自行设计。

5. 分离筛

分离筛的目的是起分离作用，是用于分离虫卵、虫体、饵料、幼虫和虫粪的工具，一般分为虫粪分离筛和虫蛹分离筛两类。虫粪分离筛用于分离各龄幼虫和虫粪的，箱底钉上不同目数的筛网或铁纱网或尼龙丝，目的是能及时清洁养殖环境并将幼虫和粪便分离开来，减少污染。为了适应不同的幼虫分离和虫粪分离的要求，以及其他分离目的，通常要多备几种网目，一般有 8 目、10 目、12 目、14 目、16 目、20 目、40 目、50 目、60 目、80 目、100 目等，由不锈钢丝网或尼龙网做底制作而成。虫蛹分离筛用于分离老熟幼虫和蛹的，规格通常为 80cm×40cm×8cm，四周用 1cm 厚的木板制成，再用胶条贴好，由 3～4mm 孔径的筛网做底制作而成。

6. 产卵筛

产卵筛主要是用于黄粉虫成虫产卵用的，由产卵隔离网筛和生产饲养盘两部分组成，产卵筛和其他筛子制作方法都一样，但产卵筛的尺寸一定要严格，由 40～60 目筛网制作而成，四周不能太大也不能太小，其规格比标准饲养盘缩小 1～2cm，能正好顺利放入饲养盘里就行，封筛网的木条不要太厚，在 0.8cm 左右就可以了。总的来说，为了适应规模化生产的需要，产卵筛的规格要与饲养盘相统一，便于确定工艺流程技术参数。由 8 目筛网制作而成的产卵筛，很利于成虫产卵和节省麦麸，最好要选择铁网，这样不易坏，成本也就降低了。

7. 孵化箱和羽化箱

孵化箱和羽化箱是专门供黄粉虫卵孵化和蛹羽化所用的养殖设备，可有效提高卵的孵化率、蛹的羽化率，也可有效提高发育整齐度。黄粉虫卵和蛹的发育是各生态史期中最长的，也是最没有抵御能力的，为了防止蚂蚁、螨虫、老鼠等天敌的侵袭和黄粉虫成虫及幼虫对它们的残杀，同时也是为了保证其最适温度和湿度需求，人们就设计制作了孵化箱和羽化箱。这两种箱的基本结构是一样的，它们的内部都是由双排多层隔板组成，上下两层之间的距离以标准饲养盘高度的 1.2～1.5 倍为宜，两层之间外侧的横向隔离板相差10cm，便于进行抽放饲养盘的操作。左右两排各排放 5 个标准饲养盘；中间由一根立体支柱间隔；底层还要预留出一定的空间，用来方便放置和更换水盆，以确保湿度（图3-21）。在规模较大的生产养殖条件下，可以独立建设一个羽化或孵化房间，以达到同样效果。

图 3-21 集卵箱

8. 其他设备

养殖黄粉虫除上述器具外，其他的辅助设备还有一些，主要有温度计、湿度计、不同规格的塑料盆（放置饲料用）、塑料撮子、喷雾器或洒水壶（用于调节饲养房内湿度）、弯镊子、放大镜、小扫帚、旧报纸或白纸（成虫产卵时制作卵卡）等。

五 养殖场分区

黄粉虫的养殖是有一定特殊性的，规模化养殖更有它特别的地方，因此为了确保规模养殖的效益，建议根据黄粉虫的各虫态特点以及功用将养殖场进行科学分区，主要分为养殖区、繁殖区、孵化区、饲料区、库管区、周转区、成品加工区等。

⚠ 【注意】 要注意的是各分区之间要相对独立，设备在互用时，要做好交接和消毒工作，尽可能减少人为污染和病害的交叉感染。

1. 养殖区

这是黄粉虫养殖的关键分区，也是决定产量和效益最主要的地方，当然也是一个养殖场中面积最大的地方，通常应占整个养殖场的 2/3 左右。其实这个分区就是负责黄粉虫孵化好的幼虫养殖以及成虫养殖的地方。这种将主要的产品养殖集中到一个分区里，可以实现流水线作业的目的，非常方便操作、方便管理、方便计划生产，更重要的是可以保证虫体增长速度一致，减少了大小个体不均匀现象的发生，可节约大量的劳动力。

2. 繁殖区

这是黄粉虫延续后代，决定未来产量的分区，主要功能是完成黄粉虫的成虫交配、化蛹等任务。

3. 孵化区

这是将黄粉虫卵经过筛选和分离后，将干净的卵箱和卵纸集中后进行孵化的分区。

4. 饲料区

饲料区主要有两种，一是饲料加工区，包括粉碎机、颗粒饲料机等，由于在加工时会产生振动、噪声和大量粉尘，易对黄粉虫的生长造成一定的影响，所以一般是把饲料区放在养殖区的最外侧，并与养殖区、孵化区和繁殖区严格分开。二是饲料储藏区，主要是用于储存加工好的饲料或是临时储存一些麦麸、菜叶等天然饲料。

> **【提示】** 根据生产的需要，饲料是必须储存一定时间的，但不宜太久，一般夏季以 40 天内为宜，冬季以 70 天内为宜，如果存放过久，会发生饲料霉变现象，导致损失。饲料区要注意防老鼠、螨虫、壁虎、蚂蚁及其他害虫，所以要选在干燥、密闭的地方。

5. 库管区

库管区主要分为两大部分，一是饲料储存区，上面已经讲述。二是成品储存区。这个储存区的要求较严格，只有大型的规模化生产才具备这个条件，根据需要，将黄粉虫的幼虫或成虫，主要是幼虫加工成干品虫后进行储存，在 4℃ 以下进行储存的干品虫，保持期一般在 8 个月左右，但在常温下不能度过炎热的夏天。如果说是将虫子进行快速鲜品冷冻后，再放入 - 15℃的冷库中进行保存，可以保存一年以上。

6. 周转区

有的大型养殖企业周转区的功能较多，有产品周转区、虫粪周转区、饲料周转区等，这里主要讲的是虫粪周转区。由于黄粉虫的虫粪具有很好的肥料作用，而且市场价格不菲，因此许多企业都是将虫粪进行简单加工和处理后进行出售，这就需要一个储存虫粪的地方，也就是虫粪周转区的主要作用。任何一种动物的粪便都是最后的排泄物，含有大量的杂菌和酶类，如果处理或储存方法不当，会对黄粉虫的养殖造成污染，为了防止对黄粉虫的养殖造成损失，建议将虫粪周转区远离养殖中心区。

7. 成品加工区

这是提高黄粉虫附加值的分区，也是大型企业获取高额利润的分区，就是将黄粉虫的成品进行粗加工或深加工的地方，一般来说，现阶段大多数养殖企业力所能及的加工项目主要是对黄粉虫进行清洗、除杂、烘干、超低温冷冻等程序。至于提炼虫油、虫蛋白、壳聚糖及保健品等深加工，那不是一般养殖场所能做的了的。

六　规模化养殖技术

1. 黄粉虫的饲养环境

规模化养殖黄粉虫，对它的饲养环境也有一定的讲究，总体来说要在温暖、通风、干燥、避光、清洁、无化学污染的条件下进行。

2. 种虫

购入优良种虫十分重要，最好向有养殖经验的单位购买，不但种虫好、繁殖率高，而且可以学到很好的养虫技术与经验。

3. 适宜密度

根据生产经验，在规模化生产时，采用以下的参考密度是比较适宜的，具体的密度还要与养殖者的技术把握程度、环境条件的优劣、饲料的供应等条件密切相关。

1）成虫饲养密度每平方米为 5000 ~ 8000 只。

2）幼虫饲养密度每平方米为 2 万只左右（约 5kg）。

3）蛹身体娇嫩，以单层平摊无重叠挤压为宜。

4）种虫饲养密度每平方米以 2000~3000 只为宜。

5）夏季高温饲养密度要小一些，冬季密度可稍大一些。

4. 饲料

主要以麦麸、蔬菜为饲料，蔬菜主要有白菜、萝卜、甘蓝、土豆、瓜类、野菜。麦麸可以用少量粗玉米面、米糠代替。这里介绍一个配方：麦麸 70%、糠皮 19%、玉米面 6%、饼粉 5%。每 100kg 混合料再加入多种维生素 6g，微量元素 100g 喂虫更好。由于营养全面，黄粉虫繁殖快而健壮。一般每 3kg 麦麸、6kg 蔬菜可养出 1kg 黄粉虫，每千克黄粉虫的饲料成本 4~6 元，如青菜全是自己种植的，成本还能降低（彩图 3-18）。

5. 对温度的要求

黄粉虫是变温动物，其生长活动、生命周期与外界温度，湿度密切相关。黄粉虫对环境温度、湿度的适应范围很宽，但只有在最佳生长发育和繁殖的温湿度条件下才能繁殖多，生长快。黄粉虫的成虫繁殖适宜温度为 20~30℃，卵为 15~25℃，幼虫及蛹以 25~30℃为宜，在适宜范围内，温度降低则延迟孵化、发育，因此夏季要注意通风降温，冬季低温要防寒加温。

黄粉虫在养殖过程中，根据不同的环境采取相应措施来控制养殖环境温度的方法主要有：一是根据不同的饲养环境，采取不同的措施，例如，在室内养殖的，可以用煤炉、电炉、空调加热，在大棚里养殖的可以利用火道、暖风加热；二是冬季越冬的生产间，可用塑料布严封四周墙壁和窗孔，应该集中、缩小养殖空间，减少热量的散失；三是在大房间中间隔成面积较小的房间便于加温并降低增温成本。

6. 对湿度的要求

黄粉虫有耐干旱的习性，但正常的生理活动没有水分是不能进行的，黄粉虫对湿度的适用范围也很广，成虫和卵最适应湿度为 55%~75%，幼虫和蛹最适应湿度为 65%~75%，高出 85% 的湿度，黄粉虫易生病甚至死亡。科研表明，一般当虫体含水量接近适宜时，低湿大气能够抑制新陈代谢而延期发育，高湿大气却能加速其发育。

养殖环境的湿度对黄粉虫养殖还是有影响的，这种影响体现在以下几方面：一是当环境湿度低于50%时，可能会导致部分已经怀卵的雌虫不能正常产卵；二是即使已经产下卵，那些在卵内已完成发育的幼虫也可能不会继续孵化发育；三是当环境湿度较低时，一些在蛹壳内已形成的成虫不能顺利羽化；四是一些已羽化的成虫不能正常展翅；五是会影响黄粉虫生长和蜕皮，尤其是黄粉虫在蜕皮时要从背部开裂蜕裂线，许多幼虫和蛹的蜕裂线因干燥不能正常开裂，因而导致无法蜕皮，使其不能正常生长，逐渐衰老死亡，也有的因不能完全从老皮中蜕出而呈残疾状态，失去商品意义。这主要是因为湿度偏低使虫体水分消耗较多，在虫体内不能形成足够的液压，而对黄粉虫的产卵、孵化、蜕皮、羽化和展翅等产生不利的影响。

【提示】 当环境湿度过高时，饲料与虫粪混在一起易发生霉变，使虫体得病。

蛹期黄粉虫虽然不吃不动，但它仍然在呼吸，故仍需置于通风干燥、保湿的环境中，不能封闭和过湿，以免蛹腐烂成黄黑色。若在南方炎热夏季致使蛹皮容易干枯，要适当翻动，喷一点水雾，以保持蛹皮湿润。黄粉虫从外界获得的水分方式有三种：一是从食物中取得水分，因此必须经常投以瓜皮、果皮、蔬菜叶之类，通常饲料含水量以保持在15%～18%为宜，若空气湿度过大，大于85%，加之粪便污染，易使虫体患病。二是从空气的湿度中通过表皮吸收水分。若在南方炎热季度要在饲养盒中喷少许水滴，以造成湿润小气候。三是黄粉虫从体内物质中转化而获得水分（彩图3-19）。

温度和湿度超出适宜范围，黄粉虫的各态死亡率较高。夏季气温高，水分易蒸发，可在地面上洒水，降低温度，增加湿度。梅雨季节，湿度过大，饲料易发霉，应开窗通风。

7. 控制环境湿度

研究表明，黄粉虫对湿度的适应范围较宽，最适相对湿度成虫为50%～70%、卵和蛹为65%～75%，幼虫为50%～65%。为了确保黄粉虫的养殖取得成功，必须控制环境湿度，通常可以从下面两方面入手。

1）对周围环境采取加湿的方法。这是针对黄粉虫养殖环境里空气偏干燥时的处理方法。环境加湿可根据养殖水平、当时的湿度情况和经济能力而采取不同的方法。一是如果条件允许可采用加湿器增加环境湿度，这是一种可调控的半自动的加湿方法，可利用加湿器的自动控制功能将环境湿度调节在设定的范围之内；二是如果经济条件不允许或是在农村资源比较丰富的地方，可以采用地面洒水、喷水等简易的方法增加环境湿度；三是可以考虑在养殖房内多放置几盆清水，水里放几尾金鱼，利用金鱼的搅动来添加空气湿度；四是在养殖房内设置开放式的观赏鱼水族箱，利用水族箱的自动加湿功能来达到养鱼控湿一体化的效果；五是在养殖房内多摆几盆鲜花，平时勤浇水。

2）对周围环境采取降湿的方法。环境降湿一般在 6～9 月，这段时间既包括黄梅季节，也包括夏天多雨季节，当环境湿度大于 85% 时，就应采取降湿措施。降湿的方法也有几种：一种是最简单的方法，就是通过加强养殖空间的通风换气速度和频率来吸收水汽，从而达到降低环境湿度的效果；二是如果直接通风有困难，可采用排风扇、换气扇、电风扇等进行强排换气；三是可采用干燥剂降低环境湿度，即在养殖环境置放一定量的干燥剂（可重复利用），通过吸附潮气而降低空气湿度，但应注意及时对干燥剂进行干燥更换处理。

8. 对光线的要求

黄粉虫生性怕光、好动，而且整夜都在活动，说明不需要阳光，甚至雌性成虫在光线较暗之处比在强光下产卵要多。

9. 及时调整密度

黄粉虫是群居性昆虫，它的饲养密度也是在不断地调整中，如果种群密度过小，虽然虫体的取食和活动空间变得大一点，生病的机会也少一点，但是将会直接影响养殖产量和效益，主要是表现在产量太低上。但是密度如果太大了，也是对养殖极为不利的，主要表现在夏季气温高时，加上密度过大时，虫体相互挤压摩擦而产生大量的热能，导致局部温度升高而使虫体死亡，还有一个原因就是密度过大时，虫体间的相互残杀概率会大大增加，导致黄粉虫的死

第三章 黄粉虫的饲养

亡率也大大增加。所以，随着黄粉虫的生长发育，密度也要做不断地调整，刚开始养殖时的密度要大一些，随后就要适当降低密度，尤其是在那些室温高、湿度大的地方更要降低密度。所以在养殖过程中，通常是采取不断分箱的方法来达到调整密度的目的。

10. 饲养管理

黄粉虫在0℃以上可以安全越冬，10℃以上可以活动吃食，在长江以南一带一年四季均可养殖，在特别干燥的情况下，黄粉虫尤其是成虫有相互蚕食的习性。黄粉虫幼虫和成虫昼夜均能活动，但以夜晚较为活跃。

饲养前，首先要在饲养箱内放入经纱网筛选过的细麸皮和其他饲料，再将黄粉虫幼虫放入，幼虫密度以布满容器或最多不超过2～3cm厚为宜，最后上面盖上菜叶，让虫子生活在麸皮菜叶之间，任其自由采食。虫料比例是虫子1kg、麸皮1kg、菜叶1kg。当然，刚孵化后的幼虫要精养，以多投玉米面、麸皮为主，随着个体的生长，增加饲料的多样性。每隔一星期左右，换上新鲜饲料并及时添补麸面、米糠、饼粉、玉米面、胡萝卜片、青菜叶等饲料，也可添加适量鱼粉。每5天左右清理一次粪便。幼虫要经常蜕皮，每蜕皮一次就长大一点，当幼虫长到20mm时，便可用来投喂动物。一般幼虫继续生长到体长30mm、体粗达到8mm，最大个体体长33mm、体粗85mm时，颜色由黄褐色变浅，且食量减少，这是老熟幼虫的后期阶段，会很快进入化蛹阶段。初蛹呈银白色，逐渐变成浅黄褐色。初蛹应及时从幼虫中拣出来集中管理，蛹期要调整好温度与湿度，以免发生霉变。

黄粉虫的卵经数天后就可以孵化成幼虫，幼虫再经连续多次蜕皮后就化为蛹。蛹本身生活在饲料堆里，有时自行活动，蛹再蜕皮羽化成为成虫（蛾），蛹将要羽化成成虫时，不时地左右旋转，经几分钟或几十分钟便可蜕掉蛹衣羽化成为成虫。在饲养的过程中，卵的孵化以及幼虫、蛹、成虫要分开饲养。当大龄幼虫停止吃食时，要拣出来放于另一器具里，使其产卵，经1～2个月的养殖，便进入产卵旺期，此时接卵纸要勤于更换，每5～7天换一次，每次将更换收集的卵粒分别放在孵化盒中集体孵化。经7～10天便可孵化成幼虫，孵出的幼虫再分出放在饲养盒中饲养，这样周而复始，循环繁衍，只要室温保持在 15~32℃，一年四季均可繁殖。

七 规模化养殖黄粉虫尚需解决的问题

虽然现在黄粉虫的养殖与推广比以前有很大的改观，人们养殖黄粉虫的热情也大为高涨，但是工厂化大规模养殖黄粉虫技术还有一些问题需要进一步解决。

1）要有高性能的新品种，研究人员可以继续搜集黄粉虫及其近缘种的种质资源，通过杂交、回交、基因组配等方式进行品种选育工作，分离培育适应性强的系列品系，从而为高效养殖提供服务。

2）进一步完善房舍与大棚连体养虫技术，完善不同环境的加温措施改进，做到常年恒温、恒湿养殖。

3）黄粉虫消化道微生物群落的研究与动物微生态制剂的研制、应用。可用于调节动物机体微生态平衡或作为动物治疗药物的饲料添加剂叫作微生态制剂。黄粉虫作为一种食谱宽泛、饲料转化力极强的生物，其消化道微生态系统的研究与开发利用具有十分诱人的前景。微生态系统的研究始于 20 世纪 60 年代中期，在 20 世纪 70~80 年代积累了丰富的基础研究成果，并陆续开发出了动物微生态制剂。人们通过对化学药品残留和细菌抗药性的深入研究，发现化学药品，特别是抗生素作为治疗剂和饲料添加剂的广泛应用，对畜牧业生产和人类产生了较大的副作用。首先是抗生素在杀灭致病菌的同时，也杀灭了对机体有益的生理性细菌，破坏了肠道微生物的生态平衡，出现了菌群失调现象，导致幼畜对病原微生物的易感性增加，另外，长期饲喂抗生素致使动物体内产生具有抗菌性的细菌，这些细菌对人畜有害，而使用动物微生态制剂可以解决这一问题。以往对黄粉虫及其他昆虫肠道微生物的研究较少，主要是从反刍动物的瘤胃中分离筛选菌株。深入研究黄粉虫及白蚁、天牛幼虫、小蠹虫等种类的肠道微生物，分离培养有益菌，是开发利用动物微生态制剂的重要方向。

第九节 酒糟养殖黄粉虫

利用酒糟养殖黄粉虫是一种很好的养殖模式，它具有变废为宝、综合利用的效果，是黄粉虫养殖户在生产实践中探索出来的一项行之有效的技术，在这里特地进行总结，以帮助部分黄粉虫养殖户参考利用。

一 场地选择与处理

俗话说："近水楼台先得月"，利用酒糟养殖黄粉虫，它的主要饲料是酒糟，因此在场地选择时，一个重要参考点就是靠近酒厂，方便酒糟的运输，具体养殖场所的选择和其他养殖方法是一样的，都是选择在室内或大棚里，如果进行加温控温周年饲养，饲养室就需要装配隔热材料、加温控温系统和通气排湿系统等。通常可将整个养殖场进行功能分区，可以分为酒糟储存室、成虫饲养室、成虫产卵室、幼虫饲养室（包括立体饲养架和塑料饲养盆）、卵和蛹的管理室等。

二 酒糟准备

用来养殖黄粉虫的酒糟有两类，一类是啤酒糟，另一类是白酒糟，最常用的还是白酒糟，白酒糟是白酒厂酿酒后的副产品，其中含有水分约63%、粗蛋白质约4%、粗脂肪约4%、无氮浸出物约15%、粗纤维（主要成分是稻壳）约14%和含量丰富的多种维生素、矿物质。白酒糟中的稻壳是白酒发酵中用于疏松透气的，一般家禽家畜都不能直接食用，但是实践表明，黄粉虫能很好地取食利用稻壳酒糟中碎屑的营养成分，用它喂养的幼虫生长发育很好，转化效率很高。

> ➡ 【提示】 从酒厂中购取的酒糟由于含有大量的水分，容易再次发酵霉变，从而影响黄粉虫的生长发育，甚至造成疾病，所以建议养殖户最好不要储存，随用随运，这也是要将养殖场所建在离酒厂较近地方的原因，这样可以节约运输费用。

三 幼虫的饲养

黄粉虫刚刚孵化出来的低龄幼虫不要添加酒糟饲料，低龄幼虫取食麦麸就足够生长了，饲养前，首先要在箱、盆等容器内放入经纱网筛选过的细麸皮，再将幼虫放入，幼虫密度以布满容器或最多不超过2cm厚为宜。为防止饲料干燥缺水，可以在麦麸中放几块马铃薯片或水果等鲜料。

在低龄幼虫取食完麦麸后，慢慢地在饲养盆中先添加少量的白酒糟，然后摆放在饲养架上任幼虫取食生长，等吃完后再慢慢地不断添加白酒糟，经过一周的驯养后，黄粉虫就能完全适应取食酒糟的习性。以后每隔一周左右，换上新鲜酒糟饲料，也可添加适量鱼粉，每7天左右清理一次粪便。在完全投喂酒糟后，就不必再为黄粉虫准备水果和马铃薯了，因为酒糟中本身含有丰富的水分。

饲养室内空气湿度以80%左右为宜，室温最好控制在20~27℃，如果室温超过28℃，加上酒糟发酵产生的热能，饲养盆内酒糟饲料层中的温度往往超过35℃，过高的温度不但会影响幼虫的生长，甚至会影响幼虫的生命。因此饲养室要注意通风排湿、及时降温，同时也要防止缺氧和螨虫滋生。

利用酒糟养殖黄粉虫的密度一般可比工厂化养殖的密度低15%左右，具体的密度要根据养殖户各方面的条件综合考虑再放养。当幼虫渐渐长大，生存空间逐渐拥挤而导致密度过大时，就要适时分箱饲养，分箱后再添加适量的白酒糟。

四 成虫的饲养

黄粉虫成虫饲养是整个配套技术的关键，只有通过有效的成虫饲养，才能获得大量的黄粉虫卵，最后养成大量的幼虫。

黄粉虫成虫饲养量和饲养箱的多少取决于所需饲养的幼虫数量的多少，成虫饲养的产卵箱可以按常规方法制作，成虫养殖的适宜湿度为78%~85%，温度控制在22~25℃，用小干鱼和鲜南瓜片、鲜胡萝卜或马铃薯片代替麦麸用于成虫饲料，成虫饲料视取食情况要不断地添加，并及时清理出虫粪和未吃完的饲料。成虫饲养箱中，成虫要投放较高的密度以提高卵箱的利用效率和产卵板上卵的密度，产卵板一般每3天换一次，并添加0.5~0.6cm厚的麦麸，取下的产卵板要按顺序水平叠放，一般叠放5~6层，不可叠放过重以防压坏产卵板上的卵粒。成虫一般饲养两个月，两个月后产卵量下降就要淘汰掉。

五 卵的护理

当成虫停止吃食时，要拣出来放于另一器具里，使其产卵，经1～2个月的养殖，便进入产卵旺期，此时产卵板和接卵纸要勤于更换，每5～7天换一次，每次将更换收集的卵粒分别放在孵化盒中集体孵化。经7～10天便可孵化成幼虫，孵出的幼虫再分出放在饲养盒中饲养，这样周而复始，循环繁衍，只要室温保持在15～32℃，一年四季均可繁殖。

六 蛹的护理

幼虫经多次蜕皮后，颜色由黄褐色变浅，且食量减少，这是老熟幼虫的后期阶段，会很快进入化蛹阶段。初蛹呈银白色，逐渐变成浅黄褐色。初蛹应及时从幼虫中拣出来集中管理，蛹期要调整好温度与湿度，以免发生霉变。先将黄粉虫蛹投放于产卵箱中，然后均匀撒一层（0.5～0.6cm 厚）麦麸，再铺放适量的小干鱼，蛹经7～9天，即蜕皮羽化成为成虫。

七 效益分析

利用白酒糟饲养黄粉虫，成本低廉，方法简单，可大规模生产，效益也很高。一般每吨白酒糟可以饲养45kg 鲜黄粉虫，如果按每吨白酒糟30元人民币计算，则每养成1kg 鲜黄粉虫的饲料成本仅为0.7元左右，而目前黄粉虫的市场价基本维持在40元/kg，可见其经济效益极好，值得推荐和使用。

第十节　黄粉虫的四季管理

一 春季管理

【重点工作】温度的控制工作。

【温度管理】早春时的气温不稳定，而且还比较寒冷，主要工作是做好加温保温工作。

【湿度管理】暮春时，南方雨多湿度大，虫子死亡率高，此时要加强防范，主要是通过多通风来降低湿度。

【投喂管理】早春少喂饲料，以投喂精饲料为主；暮春时，温度和湿度是非常有利于黄粉虫生长发育的，此时应增加对黄粉虫的投喂量。

【病害管理】做好对各态的管理工作，尤其是干枯病等病害的管理。

二 夏季管理

【重点工作】幼虫期的管理工作。

【温度管理】夏季高温，虫子会出现死亡现象，这是黄粉虫养殖的致命季节，在养殖过程中的关键管理技术就是做好降温防暑工作，具体措施主要有：一是做好通风工作；二是做好遮阴工作；三是及时在地面洒水降温。

【湿度管理】夏季也是高湿多雨季节，湿度要合理保证，在雨季时要加强通风，降低湿度；在气候干燥时，要多向地面洒水，以增加养殖空间里的湿度。

【投喂管理】夏季是黄粉虫的生长高峰期，因此要多投喂饲料，在气温较高的仲夏，可以适当减少精饲料的投喂量，增加粗饲料的投喂量。在投喂次数上要增加 1~2 次。

【病害管理】这一时期的主要工作是做好幼虫期的管理，还要做好防止各种敌害的侵袭工作，尤其是蚊蝇对刚孵化幼虫的侵袭，做好蚂蚁、蛇和老鼠等对刚变态蛹的捕食工作。

三 秋季管理

【重点工作】加强成虫的产卵和孵化工作。

【温度管理】秋季也是黄粉虫的生长高峰期，此时秋高气爽，非常适合黄粉虫的生长发育，温度控制主要有两点：一是初秋时要以降温为主，方法可参考夏季的管理；二是晚秋时要注意早晚温差不能过大，以增温为主，具体方法请参考冬季的管理工作。

【湿度管理】秋季的湿度是比较适合黄粉虫生长发育的，只要适当加强就可以了。

【投喂管理】秋季也是黄粉虫的生长高峰期之一，因此要多投喂饲料，以精饲料为主，让黄粉虫补充营养。

【病害管理】注意在成虫的产卵和孵化时，要加强对蚊蝇的灭杀，另外要注意防范黄粉虫的黑头病。

四 冬季管理

【重点工作】做好升温、保温工作。

【温度管理】

1. 必须做好房屋的密封

冬季天气较冷，而且风大，房屋的密封非常重要。一般可采取钉塑料布的方法，有条件的也可打草帘用于封窗。门口必须用棉帘遮挡，防止人员出入频繁带走热气。

2. 加强取暖工作

取暖设施可用煤炉、烧暖气或开空调来统一供热，在保证温度时，要按照成虫、蛹房温度高一些，幼虫温度低一些的要求进行。昼夜温度都应保持在15℃以上。

【湿度管理】主要是做好保湿工作，在加温时要注意定时洒水，减少空气中的水分蒸发量，以保持湿度要求。

【投喂管理】在温室里养殖时，需要投喂饲料，但是注意所投喂的饲料要保持一定温度。当天饲喂的饲料、菜叶应提前放到室内让其温度与室内温度接近，避免虫子食用过凉饲料，防止生病和低温造成虫体温度下降，影响正常生长。有条件的可适当增加玉米粉的投喂比例，增加热量。

【病害管理】主要是注意防止黑头病的发生，对于突然降温而造成的冻伤要加强防范。

第十一节　黄粉虫的储存与运输

黄粉虫的运输技术是生产环节中十分重要的问题之一，一定要引起养殖者的重视，在运输前一定要做好预案。当黄粉虫进行规模化生产时，虫种及大批量生产的黄粉虫商品虫以及黄粉虫的加工产品必然会遇到储存和运输方面的问题，尤其是在商品黄粉虫和虫种的销售、调运过程中，必须进行活体运输。根据目前的运输技术和运输条件，可以这样说，运输是黄粉虫活虫流动的一道难关，因此科学运输就是一个关键过程，也是养殖户之间进行黄粉虫活体交流和养殖企业向外供种的一个要点。近年来，有许多养殖户由于运输不科学，造成黄粉虫不同程度的死亡，这种损失是很令人痛心的。为了将损失降到最低，根据养殖户的经验，特地将它的运输技术做一概括，以供养殖户朋友进行参考。

一 黄粉虫的储存

1. 活体黄粉虫的储存

有时由于生产量大，一时没有销售出去或者给其他的经济动物没有喂完，而为了保证给特种经济动物饲喂时的黄粉虫是保持鲜活的，这时可以将黄粉虫活体临时低温或冷冻储存。在 -5℃ 以下的温度，黄粉虫停滞发育，可以长期保存而且在解除冷冻后还能恢复到成活状态。

2. 鲜体的冷冻储存

由于某种原因虫子太多，必须进行冷冻储存。在冷冻前应将黄粉虫主要是幼虫或蛹进行清洗，除去杂物和粪沙，也可以用煮或烫的方法让虫子立即快速死亡，确保整虫仍处于新鲜状态。然后立即用保鲜袋包装好，等自然凉至室温后放入冰箱里冷冻，在 -15℃ 以下的温度保存，可以保鲜 6 个月以上，需要时可以随取随用，在快速解冻后可以作为新鲜饲料使用。

3. 干虫和虫粉的保存

在室温干燥的条件下，加工干虫和虫粉的保存时间可以达到 2 年以上，但要经过熏蒸处理，防止仓储害虫的危害，避免在高温高湿条件下长期存放。在储存过程中必须采取必要的措施防止各类仓储类害虫的危害。熏蒸处理就是干虫或虫粉在储

图 3-22 干虫的储存

存前要经过熏蒸，以保证储存物内无有害生物（图 3-22）。

4. 商品虫的干燥

商品虫的干燥方法较多，可根据实际情况选择合适的方法。如果条件一般的可以利用电烘箱烘干；条件较好的可以用微波炉或微波烘干机干燥；条件比较差但当时的天气晴朗时可采用直接晾晒干燥的方法等途径。

微波干燥黄粉虫就是先把待加工的黄粉虫放入专门用的物料箱里，然后把该物料箱放在连续运转的传送带上，送入微波室。物料进入微波室后，即刻被微波杀死并迅速膨化，然后继续受微波作用而脱水，从而达到干燥和膨化的目的（图3-23、图3-24）。

图3-23　商品虫的干燥

图3-24　干燥好的商品虫

二　黄粉虫的运输

在商品黄粉虫和虫种的销售、调运过程中，需要经常进行活虫的运输。

1. 运输时间

适宜黄粉虫的运输时间是在每年的春秋季，如果夏季和冬季也要运输的话，一定要做好防暑降温和加温保温的工作，以减少黄粉虫的伤亡。在夏季，如果遇高温天气最好在夜间或清晨或阴雨天气运输较安全，成活率在90%以上。在冬季，要计算好时间，最好在白天就要完成运输任务。

2. 运输虫态

在进行黄粉虫良种的运输、引进或商品虫的异地利用时，必须要根据各种虫态情况而采取不同的运输方法。根据实践表明，黄粉虫的各个虫态时期都可供运输，一般可以分为活体运输、虫卵运输和加工原料虫体或虫粉运输，但是从运输成本和成活率来说，还是运输虫卵比较划算，也是最方便最安全的，只要保证卵纸不积压、不折弯，基本上不会造成太大的损失。运输大龄幼虫是最划不来的，主要是因为在运输时需要大量的虫粪或饲料，这无形之中就增加了成本。一般是不将成虫和蛹作为运输对象的，有一些特殊情况的除外。

建议远距离运输以邮寄卵纸为主要方式，也可以将卵同产卵的麦麸或虫粪一起邮寄。运输卵（卵卡）最为方便与安全。只要保证卵（卵卡）不积压过度，基本不会出现造成损失的情况。一般不将蛹和成虫作为运输的对象。

短距离运输可以运输各种虫态的黄粉虫，根据虫态不同又可以分为静止虫态（卵、蛹）和活动虫态（幼虫、成虫，以幼虫为主）两种方式。

3. 运输容器与容载量

黄粉虫幼虫可用袋装、桶装或箱装。用编织袋装虫及虫粪，每袋装 3~5kg，然后平摊于养虫箱底部，厚度不超过 5cm，箱子可以叠放装车；用桶或箱装运输时，每箱（桶）装 10kg 比较安全，箱子不能加盖，以便通风散热，这样的包装一般不会造成黄粉虫的大量死亡。

具体的容载量，要根据容器大小、气候条件来确定，一个基本原则就是要保证相互之间不要挤压、碰撞。还有一点要注意的就是要尽可能地避免黄粉虫在运输过程中受到反复惊扰和振动，从而引起应激性反应，最终使容器内的温度在短时间内升高，而导致黄粉虫死亡。

【提示】 商品黄粉虫主要是指大龄幼虫和蛹，其鲜虫可分为活体和冷冻保鲜虫两种。条件较好的养殖场有储运冷冻鲜虫的则需建有冷藏库，远距离运输的则使用专用的冷藏运输车，就基本上能满足黄粉虫的运输要求了。

4. 运输要点

在运输时为避免互相挤压出现死亡，需要在运输包装箱袋内掺入黄粉虫重量30%～50%的虫粪及10%～20%的饲料，与虫子搅拌均匀。这些麦麸饲料或虫粪可以起到隔离作用，有减少虫体间接触，并有吸收热量降低温度的作用，可以有效地减少伤亡。在运输卵纸时要用塑料盒或其他容器包装好，不能在运输过程中受到挤压、折断等伤害。

> 【提示】 在夏季运输时，由于本身大气温度较高，再加上运输过程中群体过大造成的局部高温死亡，此时可用数只冰袋或结成冰块的矿泉水放入虫袋（箱）中，有直接降温作用。实践证明，用此法运输较为安全，很少发生死亡现象。

根据试验表明，在夏季如果不采取防暑降温措施，一袋10kg的虫体经过2h左右的运输，袋里的温度可以升高5℃左右，从而导致虫子因高温而死亡。在气温低于5℃时，应考虑如何加温的问题。所以建议养殖户在运输时，一旦外界温度达到27℃时，就最好不要运输活虫了，以免造成不必要的损失。这里有一个曾经发生的例子，就是有一个养殖户到某养殖公司购买虫种，花了三万多元，然后就立即装运回家，当时的室外温度在28℃左右，6h后到家，打开包装箱就傻眼了，发现里面装运的虫种已经全部死亡，当养殖户赶到公司讨要说法时，公司却以客户自己不恰当运输为由拒绝赔偿，结果导致双方反目，打了好久的官司，没有一人是赢家。这其中最主要的根源就是在运输时没有考虑到黄粉虫对高温的承受能力，因为运输箱内的温度已经达到或超过了35℃，而这个温度正是黄粉虫的致死温度，所以会导致黄粉虫在很短的时间内全部死亡。为什么室外温度才28℃左右，远远低于黄粉虫的致死温度35℃，却依然导致黄粉虫的全部死亡呢？这是因为虽然当时气温只有28℃，由于包装箱的封闭作用，加上包装箱是放在汽车里的，这就使包装箱内的温度比室外可能高5℃，加上在运输过程中，难免会发生颠簸，黄粉虫受到惊吓后，就在箱内不断地运动，在高密度装运的条件下，虫体间的摩擦加速生热，这又可以使虫体间的温度上升3～5℃，因此此时的温度可能已经超过了35℃，黄粉虫已经在死亡边缘上挣扎，运输时间超过3h，可能就会死亡。

> ⚠️ **【注意】** 冬季运输虫子时应注意几个方面。
>
> 1）一是虫子装车前应在相对低温的环境下放置一段时间，使其适应运输环境，但温度不能低于它的致死温度，这是绝对要注意的，有的养殖户为防止温度低导致黄粉虫被冻死，大量运输时可放入有空调的小轿车进行保温，也是可行的办法。
>
> 2）装车时要在车的前部用帆布做遮挡，防止冷风直接吹向虫子，同时应即装即走，减少虫子在寒冷空气中的暴露时间。如果是少量运输时，可用布袋多装一些，并经常翻动布袋，利用虫子活动摩擦产热进行升温。
>
> 3）虽然黄粉虫耐寒性较强，一般不至于冻死，但是在运输活体时，还是建议在气温 −5~5℃之间，运输比较安全。运输过程中，应随时检查黄粉虫群体温度的变化，及时采取相应措施。
>
> 4）尽量购买小虫，据测定，相同数量的小虫比大虫产的热量要少得多，虽然小虫不能立即进入繁殖盛期，但是从长远角度来考虑，购买小虫比购买大虫要划算得多。

养殖户在引种回来后，往往发现刚运输回来的黄粉虫幼虫在开始几天里会陆续出现不明原因的死亡现象，据分析，这种死亡的原因主要是死于应激反应。这其中的原因就是黄粉虫所处的饲养环境发生了改变，加上在运输过程中的密度过高，通风条件不善，结果会导致黄粉虫对这些改变产生不适应的反应，从而导致它们的消化系统发生紊乱，取食缓慢，几天后就会造成死亡。因此建议在购买黄粉虫时，在运输过程中要保证合适的密度，注意通风，减少它们的摩擦和运输容器内的温度上升，控制好湿度条件，这样就会确保运输的成活率。

第三章
黄粉虫的饲养

——第四章——
黄粉虫的综合养殖

第三章中所讲述的一些养殖方法都是单独养殖黄粉虫的，基本上是以商品虫的形态直接供应市场。现在有相当一部分养殖户，养殖黄粉虫是看中它本身作为动物性的饲料蛋白源的优势，因而在养殖时是把它作为整个养殖系统中的一部分，采取动物和植物相结合、动物与动物相呼应的立体养殖方式，也称之为应用型养殖模式。本章就重点介绍几种立体养殖的模式及技术关键。

第一节 龟、菜、蚓、蟾、虫立体养殖

在菜园中巧养蚯蚓、乌龟和蟾蜍，在菜园用大棚或养殖房养殖黄粉虫，充分利用菜地用于浇水的小型池塘，实现五个动植物品种同地同时生长。

■ 养殖原理

在菜地里实现这个立体养殖模式，由于经常性地浇水，导致菜地很湿润，加上高大蔬菜的遮阴作用，为蚯蚓、乌龟、黄粉虫和蟾蜍等动物创造了适宜的栖息、捕食和生存环境。蚯蚓为蔬菜疏松土壤，产出大量的蚯蚓粪成为蔬菜的优质肥料，为蔬菜节省了化肥。生产出来的蔬菜可以上市卖钱，而那些采割下的菜叶和杂草既可供蚯蚓食用，更是喂养黄粉虫的良好饲料。这时在菜地中间建小型龟池，需要换水时，用换出的水浇菜，龟爬出水池到菜叶下活动，捕

食蚯蚓、黄粉虫、蔬菜害虫和菜叶，菜园不用喷农药灭虫，夜间在菜园中安装日光灯，诱引飞蛾等虫子让龟、蟾蜍捕食，把产在龟池中的蟾蜍卵捞出放孵化池孵化，成蟾下入龟池时，含有龟粪尿的池水可为蟾蜍祛热疗疾，池水中的蟾酥又为龟类消毒防病；金头龟、平胸龟还主动捕食进入菜园中的老鼠、蛇和小鸟，有利于其他龟种和幼龟、幼蟾、蚯蚓、黄粉虫的安全。夏秋季节，在茶园中设一简易蜕衣棚，实现了菜园养蟾蜍、棚内拣拾蟾衣。试验表明，在这种立体养殖下，龟的增重率比单一池养高 13%，还多收 3000kg 蔬菜，实现了省地、省水、省料、省工且增产的目的。

二 黄粉虫养殖房的准备

在这种模式的养殖中，黄粉虫的养殖房也可以采取两种形式，一种形式是直接在菜园地里建立大棚，实行大棚养殖黄粉虫。由于黄粉虫对湿度是有一定讲究的，因此在选择棚址时一定要避开低洼易积水的地面，为了防止雨季雨水倒灌入大棚内，应在大棚外沿着棚基开挖一条有效的排除雨水的沟涵。在夏季，如果温度过高时，白天可以在大棚顶部加盖黑色的遮阳网来降温，也可以用草帘铺在棚顶，然后在顶部浇水或用水冲洗大棚来达到降温的目的。而在冬季则是为了加温保温，可在白天掀开草帘，让大棚接受光照，而在晚上则覆盖上草帘来保温。具体的大棚建设见第三章　黄粉虫的饲养技术。

另一种形式就是另外再建立一个饲养房，既可以直接利用家里的空闲房，也可以在菜园边新砌一个养殖房，将这些房屋进行彻底的打扫并用漂白粉或新洁尔灭等药物进行杀菌消毒，同时一定要注意清理鼠洞，把门窗安装好，确保养殖房宽敞、通风良好，能防止小鸟飞入、老鼠侵入等，室内光线要暗，防止太阳照射。对于养殖乌龟和蟾蜍所用的黄粉虫来说，可以用 1~2 间的养殖房就可以了，每间房能养 300 多个木箱。

三 做好防逃设施

由于乌龟的爬行能力和逃跑能力都很强，因此养殖池的防逃设施不可没有，防逃设施有多种，最常用的是安插高 45cm 的硬质钙塑板作为防逃板，埋入田埂泥土中约 15cm，每隔 100cm 处用一木桩固定。注意四角应做成弧形，防止龟沿夹角攀爬外逃。

四 苗种放养

龟的放养时间宜在 4 月，龟种的规格以每只 100g 左右为宜，放养密度为 5～8 只/m²。放养前，龟种用 2% 的盐水浸泡 5min 消毒。龟种质量要有保证，即放养的龟要求体质健壮、无病、无伤、无寄生虫附着，最好达到一定规格，确保能按时长到上市规格的优质龟种。蟾蜍在 4 月也可以投放，规格在每只 10g 左右，放养密度为 20 只/m²。蚯蚓则在春夏秋季都可以放养。在养殖场所准备好了后就可以放养黄粉虫，参考密度为 3～4kg/m³。

五 投饵管理

不需要专门投喂饵料，龟和蟾蜍以蚯蚓、黄粉虫、蔬菜害虫为食，有些菜叶也可以被龟取食，另外可以人工诱些虫子供龟、蟾蜍吃，如果养殖龟的密度比较大的话，可以投喂一些其他饵料来补充，如专用养龟料、鱼、螺、蚌、猪肝等。

养殖黄粉虫的饲料来源比较广泛，在用养殖模式时，黄粉虫的饲料主要是菜园里的各种菜叶，另外可配制少量的麦麸等饲料。投喂时可直接在虫子上面盖上菜叶，让虫子爬到菜叶上自由采食。刚孵化后的幼虫可以多投喂玉米面、麸皮，随着个体的生长，则以菜园里的菜叶为主。

六 调节水质

对于水质的调控主要是在夏季，水质要保持清新，时常注入新水，使水质保持高溶氧。前期水温较低时，水宜浅，水深可保持在 50cm，使水温快速提高，促进乌龟和蟾蜍的生长。在高温季节，可以在池子里放养一些水葫芦、芜萍、水花生等，在浇菜后要及时补充水，如果气温达到 31℃ 以上时，应及时在池子上方盖上遮阳网，保证乌龟和蟾蜍能顺利度夏。

七 黄粉虫喂养乌龟的技巧

采用这种模式养殖的黄粉虫来喂养乌龟，是有一定技巧的。如果是在大棚养殖的黄粉虫，可以在晚上直接打开塑料薄膜 30cm 高，让乌龟自行摄食就可以了。如果是在养殖房里养殖的，那就要另行投喂，投喂时既可以在水中投喂，也可以在陆地上投喂。

> 【提示】 从养殖实践来看，还是建议养殖户在陆地上投喂，这里有两个因素，一是黄粉虫在水中存活的时间不长，如果没有被龟很快捕食，黄粉虫将被水溺死而沉于水底；二是当把黄粉虫撒在陆地上时，黄粉虫会蠕动，更能激起乌龟的捕食欲望。如果时间充足而且讲究情趣的话，喂食时可以用镊子夹着喂，这样喂食，龟能跟人亲近。

八 黄粉虫喂养蟾蜍的技巧

如果是在大棚养殖的黄粉虫，可以在晚上直接打开塑料薄膜30cm高，让蟾蜍自行摄食就可以了。

如果是在养殖房里养殖的，那就要另行投喂。用黄粉虫喂养蟾蜍时，和喂龟是一样的，既可以在水中投喂，也可以在陆地上投喂。由于蟾蜍是近视眼，它对静态食物的感知能力较差，对活动的饲料比较敏感，因此在投喂时，要让黄粉虫动起来。当把黄粉虫刚投入到水中后，虫子遇水会不断地挪动身体，同时会拨动虫子周边的水也动起来，这时蟾蜍就能感知到饵料的存在，就会前来捕食。由于黄粉虫在水中易死亡，因此在水中投喂黄粉虫时，一定要有耐心，一次要少量投喂，等水中的虫子被全部吃完了再投下一次，

图4-1　黄粉虫喂蟾蜍

当发现投进去的虫子没有吃完时，就把剩余的捞起来，同时改为到陆地上投喂。当把黄粉虫撒在陆地上时，黄粉虫也会蠕动，引起蟾蜍的注意力，同时激起它的捕食欲望（图4-1）。

九 日常管理

1. 巡视

每日对菜园地进行巡视，主要是检查小龟池里的水质、水位变化，浇水后要立即补水，遇到雨水天气后要立即排水，不能让大雨水长时间淹没菜地，否则在菜地里生长的蚯蚓很容易死亡。另外就是观察乌龟和蟾蜍的摄食情况和活动能力，及时调整投喂量。大风大雨过后及时检查防逃设施，如果有破损及时修补，如有鼠、蛇等敌害及时清除。

2. 做好养殖管理工作

无论是大棚养殖还是饲养房养殖，都要保持相对稳定的温度和湿度，温度保持在 15 ~ 30℃ 之间最好，湿度要保持在 50% ~ 75% 之间，可多投喂嫩菜叶。

3. 及时分离分养

随着黄粉虫的生长，由于各虫体因生长速度不同而导致个体大小不整齐时，为了防止相互残杀，此时要大小分群饲养，可用不同目孔的网筛分离幼虫，并按不同的规格实行分养。

4. 加强各变态期的管理工作

无论是哪一虫态，在它们变态的时候，都是身体最虚弱、对外界环境抵御能力最弱的时候，也是最容易遭受敌害尤其是同类的侵袭，因此在这一时期一定要加强管理，进行重点监管。

第二节　果园育虫养鸡

一 果园育虫养鸡的优点

1. 生态效益

1）鸡能除草，对杂草有一定的防除和抑制作用。

2）果园里掉落的果子、果树下的杂草、鲜嫩的树叶等都可以用来喂养黄粉虫，减轻对环境的污染。

3）鸡能灭虫，可把果园地面上和草丛中的绝大部分害虫吃掉，提高果品的产量和质量。

4）提高鸡的品质，鸡不但可以充分吃食黄粉虫，还可以充分利用果园里的杂草、昆虫、蚂蚁、蚯蚓等天然生物资源，改善鸡蛋、鸡肉的品质和风味，提高肉质。

2. 经济效益

1）鸡在果园里摄食，减少了饲料的投喂量，节省了饲料和人力。

2）培肥地力，鸡粪是一种优质有机肥，含有氮、磷、钾等果树生长所需要的营养物质，可以促进果树生长，提高果树产量。

3）节省肥料的投入，由于鸡粪的作用，果园可以不投或少投肥料，节省投资。

4）黄粉虫本身就是一笔很好的收入，如果用黄粉虫喂鸡的话，则可以减少饲料的用量，而且能提高鸡的肉质，增加收入。

3. 有效防病

1）鸡能吃食果园中的害虫，可以有效地防治果树的病虫害。

2）果园中空气新鲜，水源清洁少污染，可避免和减少鸡病的互相传染，增强鸡群体质，降低死亡率（彩图4-1）。

二 场地选择

用于养鸡的果园最好远离村庄、人口密集区、畜禽交易场、屠宰场、加工场以及化工厂、垃圾处理场，交通便利，地势平坦、高燥、通风光照良好、日照时间长，易防敌害和传染病，果树树龄以3~5年生为佳，地面为沙壤土或壤土，透气性和透水性

图4-2　树林里用黄粉虫养鸡

良好，园地荫蔽度要求在70%以上，防止夏季阳光直射引起鸡中暑；园地周围要用旧渔网或纤维网围栏隔离，防止鸡只外逃和天敌侵入，以便管理；园内要有清洁、充足的水源供鸡饮用，要求水中不含有病菌和食物，无异臭或异味，水质澄清，以满足鸡饮水需要（图4-2）。

三 品种选择

果园养鸡成功与否，鸡的品种是关键。果园养鸡是以放牧为主、

舍饲为辅的饲养方式，因其生产环境较为粗放，所以应选择适应性强、耐粗饲、抗病力强、活动范围广、抗病力好、勤于觅食的地方鸡种进行饲养。同时应根据市场的需求来选择适当的品种，一般应选用体形小的品种，如广东三黄鸡、广西麻黄鸡、肖山鸡、浦东鸡、仙居鸡、寿光鸡等传统地方良种是适合果园饲养的品种；如供应春节市场则宜选用体形大的品种如星杂882等。而艾维茵、艾拔益加等快大型鸡由于生长快、活动量小、对环境要求高，不适于果园养殖。

> ➲ 【提示】 黄粉虫要选取那些个体大、生活能力强的虫子，在一批中要尽可能选择规格整齐、色泽鲜亮的个体。那些身体有残缺、个体较小的就不要选，还有就是身体发黑的也不能选用。

四 搭棚建舍

根据果园面积和养鸡数量，在放养肉鸡的果园居中地段，适当搭建一些简易棚舍如油毡棚，为鸡群提供一个栖息、产蛋、避雨、补饲、避暑的场所，同时它对防止鸡群被雨淋打、烈日暴晒、意外惊动等非常重要，不可缺少。棚舍采用土墙、砖木或竹木结构，选择避风向阳、地势高燥平坦处建造，大小因地而异，一般高约2m、跨度5～6m、长度10～30m，鸡舍坐北朝南或坐西北朝东南，顶棚用玻璃钢瓦或油毛毡配稻草都可以，棚舍中间高、两边低，四周挖好排水沟。

同样的方法，也可以在离鸡舍不远处，用同样的方法建设一个黄粉虫养殖大棚。唯一有区别的就是棚舍宜选择避风背阴、地势高燥平坦处建造，一般高约2m、跨度5～6m、长度10～30m，顶棚用油毛毡配稻草，棚顶中间留有两个透气孔，在白天温度高时，要将稻草帘放下，减少阳光

图4-3 养鸡的大棚

的直射。另外棚舍要中间高、两边低，四周挖好排水沟。一般两个大棚的黄粉虫就完全可以满足一个大棚里鸡的食用（图4-3）。

还有一种就是用养殖房来养殖黄粉虫，养殖房的建设和要求同第三章黄粉虫的饲养技术。

五 养鸡密度

鸡群一般在 45~60 日龄放养，每亩果园以放养 100~250 只为宜；密度过大会因虫、草等饲料不足而增加精饲料喂量，影响鸡肉和鸡蛋的风味。密度过小则造成资源浪费，养殖效益低。果园内要限定鸡群活动范围，可用丝网等围栏分区轮牧，放一周换一块。果园放养周期一般 2 个月左右，这样鸡粪可喂养果园小草、蚯蚓、昆虫等，给它们一个生息期，等下批仔鸡到来时又有较多的小草、蚯蚓等供鸡采食，如此往复形成生态食物链，达到鸡、果双丰收。

六 黄粉虫的放养

幼虫在饲养箱中的厚度以 1.2cm 为宜，不能超过 1.8cm，以免发热。参考密度为 5~8kg/m³，具体的密度要依据个人的养殖技术、养殖经验和环境条件而定，同时也与季节有一定关系。

七 鸡的养护

1. 放牧

雏鸡刚开始放到果园，前 5 天料槽和饮水器应放在鸡舍附近约 1m 处，使其熟悉环境，在这 5 天中，仍按原来育雏的次数喂饲，以后可逐渐减少饲喂次数。天气晴好时，清晨将鸡群放出鸡舍，傍晚天渐渐变黑时将鸡群赶回鸡舍内。白天放养不放料，给予充足的清洁饮水，根据放养的数量置足水盆或水槽。若是雨天，果园有大棵果树遮雨，鸡只羽毛已经丰满，仍可将鸡舍门打开，任其自由进出活动。若果树尚小，没法避雨就不宜将鸡群放出。若气候突然有变，应及时将鸡赶回鸡舍。

2. 补饲

鸡群可在每天早晨放牧前先喂给适量配合饲料，傍晚将鸡群召回后再补饲 1 次。补饲的时间和量应依季节和天气而异，如秋冬季节果园杂草较小，昆虫少，可适当增加补饲量，春夏季节则可适当减少补饲量。例如，在阴雨天鸡不能外出觅食，这时需要及时给料。

3. 调好温度

果园养鸡的最大特点是雏鸡脱温后就直接转入果园进行野外饲养，环境温度不稳定，因此育雏时要调节好温度，以适应果园环境。初生雏鸡体温比成鸡低 1～3℃，抗寒保温能力差，育雏必须在育雏室进行，按不同季节、不同饲养量、育雏室大小、饲养密度、保温方式等合理调节温度。第一周保持在 33～35℃、第二周 31～33℃、第三周 28～31℃，逐渐过渡到自然温度后饲养一周，移入果园饲养。

4. 注意天气

冬季注意北方强冷空气南下，夏季注意风云突变，谨防刮大风下大雨天气，尤其是开始放养的前一两周，要随时关注天气预报，时刻观察天空风云的变化，根据天气变化及时进行圈养或放牧。当然，放养三周龄后抗逆力较强了，可适当粗放管理。

5. 严防鼠害

果园里鼠虫较多，可采用养殖适量的猫和定期人工灭鼠相结合的办法消除鼠害，减少不必要的损失，节约养殖成本。

八 合理轮牧

果园用丝网隔开，划分为若干个小区，待一个小区的草、虫不足时再转移到另一个小区放牧。这样不仅方便管理，而且能防止老鼠、黄鼠狼等对鸡群的侵害和带入传染性病菌，同时也利于食物链的建立。

鸡群出栏后，应对果园进行清理，果园地面可用生石灰或石灰乳泼洒消毒。果园每养一批鸡要间隔一段时间再养。一片果园养完一批，要空闲一段时间，另找一片果园饲养，也就是所谓的"轮牧"。

九 黄粉虫的管理

将孵出的幼虫从卵纸上取下移到大棚里或养殖房内喂养，放一层经过消毒的厚为 2～3mm 的麦麸让其采食。幼虫须经不断地蜕皮才能生长，刚蜕皮的幼虫白嫩，在日常管理和检查时一定要小心，注意不能损伤虫体。随着幼虫的生长，会发生个体大小不整齐的现象，此时要及时进行大小分群饲养。

无论是用大棚养殖还是用养殖房养殖，都要做好温度、湿度调控，温度控制在 24～35℃，湿度控制在 65%～75%。当幼虫长到 2～3cm 时开始化蛹，要及时把新化的蛹拣到另外的箱中进行专门饲养，饲养箱要放在通风、干燥、温暖的地方。

> ● 【提示】 投喂量一般是以总体重的 15% 左右为宜，饲料则是多种多样的，最好的也是最实用的就是利用果园里的杂草、鲜嫩的果树叶和掉落的水果以及残次果品，这样既可以减少饲料的投资，也可以及时对这些废物进行有益化转化。

＋ 谨慎用药

果园使用农药防治病虫害时，应先驱赶鸡群到安全地方，再巧妙安排，穿插进行，因为农药毒性大，对鸡易造成中毒。一要选用高效、低毒、低残留的无公害农药；二要在安全期放养，将鸡群停止放养 3～5 天，或施药时将果园分区、分片用药，农药毒性过后再进行放养，不让鸡接触农药，若是遇到雨大天气，可避开 2～3 天，若是晴天，要适当延长 1～2 天，以防鸡只食入喷过农药的树叶、青草等中毒。

＋一 适时销售

销售是产生效益的关键环节，如果饲养时间过长，周转期拉长，就会导致饲料的投放多、投入产出比下降，因此适时销售是果园养鸡的一项重要工作。一般而言，饲养 40～50 日龄后且有市场销路，每只成年鸡有 1～2 元的利润时，就可以开始销售。对于那些体形小的鸡饲养期宜短些，如麻黄鸡、仙居鸡等品种，最好能在 120 天内销售完毕；对于那些体形大的鸡主要准备过年过节，则饲养期宜长些，可在 150～170 日龄内销售完毕。另外销售时还要看销售的货源和销售的价格，在有把握获利的情况下是可以再养一些的。总而言之，产生饲养效益是饲养的目的。

第三节　虫子鸡养殖

一 虫子鸡的概念

所谓虫子鸡，并不是鸡的一个新品种，而是在喂养鸡的饲料中加入黄粉虫等昆虫而养殖出来的肉鸡。虫子鸡养殖是模拟"生态鸡"营养结构而设计的人工绿色家禽类养殖模式。就是在草地、森林生态环境下，以"笨鸡"为养殖对象，舍饲和林地放养相结合，以自由采食人工培育的黄粉虫、林间野生昆虫、杂草为主，人工补饲有机饲料为辅，呼吸林中空气，饮山中无污染的河水、井水、泉水，生产出天然优质的商品鸡。

虫子鸡的饲料中有相当一部分是黄粉虫，但并不是说鸡是全部吃黄粉虫长大的，由于黄粉虫的蛋白质丰富，但钙质含量较低，如果长期以黄粉虫为主要饲料，那么养殖出来的鸡可能会站立不稳，生产出来的鸡蛋壳会特别薄、易碎，这也是不好的，所以这里所讲的虫子鸡，只是强调在饲料中或者是鸡所摄取的饲料中黄粉虫的含量比较高而已，具体来说，也就是在鸡的育雏阶段，每100kg的饲料中添加4~5kg鲜活的黄粉虫；在成鸡的饲养阶段，每100kg的饲料中添加10kg鲜活的黄粉虫。采用这种养殖模式养殖出来的虫子鸡，不但可降低饲料成本，而且可显著增强鸡体的免疫力，在不注射疫苗的情况下成活率可达到98%以上。更重要的是，所养出的鸡肥瘦适当，肉质紧实，味道特佳，因此市场行情好，很受消费者欢迎，收到了良好的社会、生态和经济效益。

与虫子鸡相对应的也有虫蛋，也叫"昆虫蛋"，就是利用在饲料中添加昆虫主要是黄粉虫饲养的蛋鸡所产的蛋。虫蛋与普通鸡蛋相比，不仅味道鲜美，蛋黄柔软，色泽鲜艳，有特殊香味，而且富含人体必需的蛋氨酸、赖氨酸、色氨酸等多种氨基酸，也含有钙、磷、铜、铁、锌、锰等多种矿物质。由于这种鸡蛋不含激素，无药物残留，具有补血、补气、祛病的作用，深受城市里白领们的喜欢。

二 选好良种

一般的肉用鸡种、兼用型鸡种和蛋用鸡种的公雏及农村的笨鸡都可作为虫子鸡品种，兼用型鸡种最好。建议选养皮薄骨细、肌肉丰满、肉质细嫩、抗逆性强、体形为中小型的著名地方品种，这些虫子鸡品种是非常受欢迎的。这些良种鸡有杏花鸡、桃源鸡、清远麻鸡、寿光鸡、霞烟鸡、萧山鸡、固始鸡、鹿苑鸡、北京油鸡、宫廷黄鸡、汶上芦花鸡、仙居鸡、大骨鸡、狼山鸡、茶花鸡等。

三 场地选择

虫子鸡养殖时，为了提高其品味，一段时间可以在鸡舍内养殖，也有一段时间需要在山地、果园、茶园等地养殖，无论是在哪一阶段养殖，喂养黄粉虫是贯穿全程的。因此对养鸡场要进行科学选择，现在许多虫子鸡的养殖是在森林环境条件下进行的，所以有条件的情况下，养鸡场要选择天然林地，一般天然次生林好于原始林、阔叶林好于针叶林、天然林好于人工林，如果有条件的最好选择针阔混交林。可以选择在远离村庄，又交通方便的地方，要求鸡舍周围30km 范围内没有大的污染源，地势为5°左右坡为宜，背风向阳、水源充足、取水方便，有高压线在鸡场内通过最好。鸡舍和运动场的大小设计标准：育雏保温舍按每 1000 只鸡 10m² 计算，运动场按每只鸡 1m² 计算，运动场周围最好用篱笆和塑料网围起来。这种地方，既便于鸡疾病防疫，又便于物资和产品运输，使鸡有充分的活动范围和采食源，有利于鸡的生长（彩图 4-2）。

四 鸡舍的建造

虫子鸡养殖时的鸡舍可以分为两种，一种是用砖木制造的房屋结构式的鸡舍，另一种是用塑料大棚建设的鸡舍。

无论是采用哪种鸡舍，一定要做好防寒保温措施，堵严缝洞，地面铺上垫草，以提高舍温。冬季天冷，鸡不爱活动，要设置活动场所，并有防风、防雨、防雪设备。放鸡运动前要先开气窗，匀温通气后再将鸡放出。天冷时要迟放早收。场地有雪要及时扫除清理。

五 黄粉虫的棚舍建造

用黄粉虫养殖虫子鸡时，也可以和鸡舍同时建造一个大棚专门用于黄粉虫的养殖，只是用于黄粉虫养殖的大棚要求更高一点，最好能挖成半掩体形式的，以毛竹、木条、塑料薄膜、遮阳网等为主要建筑材料，在早春和晚秋时一定要做好防寒保温措施，堵严缝洞，在双层塑料薄膜上加盖草帘，以提高舍温。

发展虫子鸡，需要的黄粉虫数量要足、质量要好，而且在早春、晚秋都要有黄粉虫及时充足的供应，因此建议还是建设专门的饲养房为宜。黄粉虫饲养房的选择与建设，请参见第三章　黄粉虫的饲养技术。

六　雏鸡的来源

1. 雏鸡的挑选

挑选行动灵活、叫声洪亮、羽毛光润发亮、不扎堆的健康苗鸡。出壳后 24h 内运到鸡舍。

2. 购买雏鸡

如果是购买雏鸡苗时，一定要到有生产许可证的正规生产孵坊购买。这样对于雏鸡的质量是有保证的，也是提高经济效益的基础。

3. 自繁雏鸡

有的养殖户为了减少因引进外来鸡苗带来病菌和做到鸡品种的纯正，常常自留种鸡，自繁自用，自给自足。

在自繁时首先要选好种鸡，这是保证下一代优良性状的基础，因此种鸡要选择毛色光亮、健壮、生长速度快的纯虫子鸡。母鸡体重 1500g 左右，公鸡体重以 1600～2200g 为宜；公母比例为 1 : 10，为了避免近亲繁殖带来种质的退化，所挑选的种鸡不宜用兄妹鸡。

虫子鸡的饲养必须选择合适的育雏季节，以利于虫子鸡的放牧饲养。最好选择 3～5 月育雏，春季气温逐渐上升，阳光充足，对雏鸡生长发育有利，育雏成活率高。到中鸡阶段，由于气温适宜，舍外活动时间长，可得到充分的运动与锻炼，因而体质强健，对以后天然放牧采食，预防天敌非常有利。春雏性成熟早，产蛋持续时间长，尤其早春孵化的雏鸡更好，所以多选择在春季育雏。

养殖户在采用母鸡孵化出雏方法时，为了使雏鸡日龄统一，做到"全进全出"，除做到喂料投放均匀、按时、保质外，还要对先孵的母鸡实行空孵，也就是鸡窝内不放蛋，但空孵时间不宜超过 7 天。中大规模饲养时宜采用孵化器孵化出雏。

七　雏鸡入室

雏鸡进入育雏室，第一周每平方米 50 只，且隔开为一群，在弹性塑料网上或竹编网上铺新鲜干净的干稻草。铺草厚度以雏鸡粪便能从其空隙中落到地上为宜。第二周每平方米 40 只，撤去铺草，使鸡粪直接通过网眼落到地上。第三周每平方米 30 只，之后为 10 只。

【提示】 雏鸡进入育雏室后必须做好保温工作，保持室温在 30～32℃ 范围，以后每星期下降 2℃，25～30 天后脱温放山和晚上进大棚饲养。

八 围养训练

雏鸡在舍内饲养 3 周后，体重达到 130g 以上，改为院内散养，训练它听声音采食，经过一定时间的训练，雏鸡听到这种声音就回来吃食，这种训练的目的是便于黄粉虫的投喂，因为在养殖虫子鸡时，不可能把黄粉虫在满山坡上到处乱撒，必须要有固定的食场，除了早晚投喂黄粉虫外，有时还要补饲一两次黄粉虫，因此必须从小就要做好雏鸡的吃食训练。在院内分区种植牧草或用饲草，同时在草丛中撒一些黄粉虫，训练雏鸡自由采食，经过 3 周以上训练，雏鸡增强了捕食的能力和增长了防御天敌的本领，这给放养创造了条件。

九 黄粉虫的选择与放养

首先是要认真准备好黄粉虫的种源，一定要经过认真的挑选，选取那些个体大、生活能力强的虫子，在一批中要尽可能选择规格整齐、色泽鲜亮的个体。那些身体有残缺、个体较小的就不要选，还有就是身体发黑的也不能选用。

其次是在黄粉虫的放养前先在大棚里或养殖房内的养殖箱中先放一层麦麸，麦麸的厚度以 2cm 为宜，然后再放养黄粉虫。

再次是在大棚里放养，密度为 $3kg/m^3$，饲养房内的放养密度为 $5kg/m^3$。

十 合理饲喂

1. 喂养黄粉虫

养殖黄粉虫的饲料来源比较广泛，在养殖虫子鸡的模式中，黄粉虫的饲料宜因地制宜，以麦麸、秸秆、菜类为主，还可以充分利用林间的植物，包括鲜嫩的枝条、野草、掉落的水果以及残次果品、野菜等都可以作为饲料来源，投喂量一般是以总体重的 15% 左右为宜，这样既可以减少饲料的投资，又可以及时对这些废物进行有益化转化。在饲养房内进行黄粉虫的精养时，可以采用专门配制的黄粉虫饵料，也可以采用虫子1kg、麸皮1kg、菜叶1kg的虫料比例来提供，刚孵化后的幼虫以多投玉米面、麸皮为主，随着个体的生长，增加饲料的多样性。每隔一星期左右，换上新鲜饲料并及时添补麸面、米糠、饼粉、玉米面、胡萝卜片、青菜叶等饲料。

2. 喂养虫子鸡

（1）特定饲料的选择 从虫子鸡的养殖特点上看，虫子、饲料、饲草分两部分。一部分是人工饲料，另一部分是天然饲料。其中人工饲料必须是有机饲料，为此在种植饲料及饲料原料时，必须按有机食品要求耕作。人工补饲的黄粉虫，也必须严格按生产有机食品的标准执行，在人工饲料生产过程中严禁添加各种化学药品，以保证虫子鸡的品质。而天然饲料的质量取决于自然环境，主要有天然饲草、成熟的籽实和各种天然昆虫等。只有所供应的黄粉虫及其他天然饲料充足、营养全面，才能够生产出高营养和滋补性强的优质产品。

（2）虫子鸡的喂养 虫子鸡出雏后，雏鸡先喂红糖水，以增进食欲，促进胎粪排出，饮水后开食，采取少喂多餐的方法，保证雏鸡始终处在食欲旺盛状态，以促进雏鸡生长发育。在饮水中加入抗生素和维生素，连饮3天，增强虫子鸡体质，提高抗病率。

30～50日龄的放养虫子鸡，按生长期进行饲养管理，每天5～6餐。根据该阶段放养虫子鸡的广采食、耐粗饲、生长快的特点，可多喂各种农副产品，如豆腐渣、糠麦、稻谷、玉米、豆饼、菜籽饼、豆粉等粗精饲料，适当增喂微量元素。这时可以在饲料中添加黄粉虫了，添加

图4-4　鸡正在吃黄粉虫

的比例是100kg的饲料加入黄粉虫2.5kg左右（图4-4）。

放牧期要多喂青绿饲料、土杂粮、农副产品等，冬季寒冷，鸡体热量消耗大，每天要喂足够的营养全面的饲料，在饲料中保证有一定数量的动植物蛋白饲料，如黄粉虫干、黄粉虫粉、鱼粉、蚯蚓粉、蚕蛹、水产下脚料以及豆饼、花生饼等，还要多喂些含维生素的饲料，如胡萝卜、蔬菜以及青贮饲料等。还可以加喂点辣椒粉，以刺激食欲，增强抗寒能力。

除了以上的投喂外，还要单独投喂一些鲜活的黄粉虫，在补料上可由原养日喂 5 次，逐渐减少到 2 次就可以了。在日喂 2 次时，投喂方法是在早上鸡子放出去前和晚上鸡子回窝后进行，把黄粉虫直接撒在平时喂食的地方，让虫子在地上蠕动，这时鸡就会跳上来自由啄食，使鸡多跑多跳，帮助消化和吸收，一定要掌握早晨放出时少喂、晚上回来时多喂的原则，确保虫子鸡的营养需求。中后期每天可适当喂一部分谷芽，以增加营养、改善肉质、降低饲料成本。如果是自配料，可以采取谷物类发芽料 70%、各类青菜叶 25%、血粉 5% 的配方（彩图 4-3）。

十一 黄粉虫的管理工作

1）无论是大棚养殖还是饲养房养殖，都要做好温度、湿度调控，保持相对稳定的温度和湿度，温度保持在 24～35℃ 之间，湿度保持在 60%～75% 之间，可多投喂青饲料，如嫩菜叶、水果等。

2）黄粉虫幼虫须经不断地蜕皮才能生长，刚蜕皮的幼虫白嫩，在日常管理和检查时一定要小心，注意不能损伤虫体（彩图 4-4）。

3）及时分离分养。随着幼虫的生长，会发生个体大小不整齐的现象，为了防止黄粉虫相互残杀，在养殖过程中要定期用不同目孔的网筛分离幼虫大小，并按不同的规格实行分群饲养。

4）加强各变态期的管理工作，无论是哪一虫态，在它们变态的时候，都是身体最虚弱、对外界环境抵御能力最弱的时候，也是最容易遭受敌害尤其是同类的侵袭的时候，因此在这一时期一定要加强管理，进行重点监管。要及时把新化的蛹拣到另外的箱中进行专门饲养，饲养箱要放在通风、干燥、温暖的地方。

第四章 黄粉虫的综合养殖

高效养
黄粉虫

【提示】 虫子鸡在生长过程中与林地、滩地等外界接触广泛，随时都有可能受到传染因素的威胁，另外虫子鸡生长期相对较长，一般需要 4～5 个月出栏，为防患于未然，必须有计划地对鸡进行免疫接种，以获得强免疫力。

第四节　蝎虫养殖

蝎子的种类有很多，目前主要养殖的还是东亚钳蝎，体长一般在 5cm 左右，腹部呈浅黄色，它的主要功能是药用，这是因为蝎子的体内含有一种有效成分是蝎毒素，是一种类似蛇神经毒素的毒性蛋白，高血压病人服用这种蛋白后能扩张血管，有显著持久的降压及镇静作用（图 4-5）。

图 4-5　蝎子

一　蝎窝的建造

蝎子是一种喜阳怕光，喜潮怕湿的特种经济动物，同时还有钻缝的习性。因此在蝎窝的建造上尽量采用隔离饲养法，这样有利于提高人工养殖的成活率。

建设蝎窝土壤的质地直接影响土壤温、湿度，蝎子栖居的土壤以壤土、沙壤土为宜。壤土、沙壤土渗透性好，保水保温，抗旱抗涝，环境稳定，容易调节窝内湿度及通风状况。先在准备好的地方开挖蝎池，池底用红土垒实，四周用砖块砌好，并用水泥抹平，防止蝎子逃跑。

在人工养殖蝎子时，可用瓦片等制成的垛体或称蝎房，高度应稍低于蝎池高度，垛体所占的面积约为池底面积的 2/3。每个垛体中的缝隙（窝）数目不宜太少。一般每个缝隙宽 3～5cm、高 1～

1.5cm，每窝能容纳小蝎20～30只、成蝎10～15只。瓦片等一般1年更换1次。窝室是成蝎在非繁殖期栖居的地方，它的大小往往随蝎的大小而异，以恰能容身为度。与进出通道一样，可为石缝，也可为土室。繁殖期的母蝎常在土壤部分进行拓展，挖出或重新选择一个较大的空间，即繁殖室，为体形大小的4～5倍（图4-6）。

图4-6　蝎窝的建设

二　合理放养

育好种蝎，是发展人工养蝎的基础。种蝎要挑选个体中等，健壮的公、母蝎。在饲养过程中，放养蝎子的密度，直接关系到养蝎成败，密度太大时，如果饵料再跟不上，那么蝎子之间就会互相残杀；放养密度过小时，则对养殖设备来说是个浪费。为了避开蝎子这种互相残杀的本性，就要限制蝎子的活动区域，采用密封、固定、限量的大棚式养殖方法。实践养殖证明：此种养法具有提高2龄蝎成活率，适宜龄蝎发育，利于4～5龄蝎恒温立体养殖等优点，成功率较高，是一种较为理想的饲养模式。

三　及时分养

蝎子在饲养过程中，即使是同时繁殖出的蝎子，在生长过程中也会发生因个体的原因而导致差异性很大的现象，这时就会出现明显的大小不一的情况，需要及时分开饲养，若不及时分养，个体大的就会残杀个体小的，未蜕皮的残杀正在蜕皮的。

⚠ 【注意】　在建蝎场时应多准备一些蝎池，将同龄蝎放在一起，并且要经常观察它们的生长情况，始终做到及时分养，规格一致，以利于同步生长。

四 科学投喂黄粉虫

应该说，蝎子的开发与养殖比黄粉虫的开发与养殖要早得多，但是在黄粉虫被开发以前，蝎子的养殖在某种程度上是没有成功的，只有当黄粉虫被开发作为优质的动物饲料蛋白源后，蝎子的养殖才真正进入快速发展阶段。所以在某种意义上说，养殖黄粉虫也是人工养蝎不可缺少的内容。

蝎子是肉食性动物，也是一种食虫性动物，喜吃质软、多汁昆虫。而黄粉虫的幼虫本身就具有质软、多汁的优势，因此它是蝎子的优良饲料，蝎子养殖户常用黄粉虫来喂养蝎子。

民以食为天，蝎子也是一样，它也需要吃到可口的食物，因此在饲养蝎子时，投喂时应以肉食性饲料为主，饲喂的小昆虫种类越多越好。种类不同的昆虫体内含有不同的氨基酸，而不同的氨基酸对蝎子的生长、发育、产仔及蜕皮等均能起到很好的促进作用。所以说饲料的种类越多就能越全面地增加蝎子的营养。但是由于其他昆虫在自然资源的捕捞上和人工养殖的开发上有很大困难，不能满足养殖需求，只有黄粉虫才能满足这种既养殖开发技术成熟化，又能进行饲料化的要求，满足蝎子养殖的需求。因此绝大多数蝎子养殖户基本上就放弃了对其他昆虫的培育和捕捞，例如，洋虫和鼠妇这两种小虫子也很适合蝎子的养殖，蝎子经常吃它们，它们能增加蝎子的营养和具有利于蝎子蜕皮的氨基酸，并且也能清理蝎池的垃圾和节省食物成本。但是由于它们目前在养殖开发上没有大的进展，因此这些蝎子养殖户们还是重点选择黄粉虫的幼虫作为蝎子的主要动物性饲料（图4-7）。

图 4-7　用黄粉虫养蝎子

喂养蝎子并不是所有的黄粉虫都适合，只有黄粉虫幼虫和蛹是比较适合蝎子养殖的。喂食的虫子一定要是活的黄粉虫，死的虫子不要投喂，因为死的虫子很快就会腐烂变质，蝎子不爱吃不活动的东西，人工拌料效果不理想还会生螨虫。因此养蝎子一定要有各龄的虫子，并且养蝎子之前要先养虫子，只有保证了食物来源蝎子才能养好。每次投喂量应根据蝎群及蝎龄的大小及蝎子捕食的能力来适量供应。一般幼蝎以投喂1~1.5cm长的黄粉虫幼虫为宜，成年蝎则投喂2cm左右的幼虫较好。

【特别提示】如果给幼蝎喂较大的黄粉虫，幼蝎捕食能力弱，捕不到食物，会影响其生长，更重要的是黄粉虫本身就有攻击能力，如果黄粉虫的身体过于健壮，个头过大，反过来有时幼蝎还会被较大的黄粉虫咬伤。若给成年蝎子投喂小幼虫则会造成浪费。所以应依据蝎子的大小选投大小适宜的黄粉虫。

幼蝎出生后趴在母蝎背上，待第一次蜕皮数日后即离开母体。刚离开母体的幼蝎2天内需要取食大量的虫子，此时为幼蝎第一个取食高峰期，投喂虫子数量应相应多一些。如果幼蝎没有足够的虫子捕食，会因争食而自相残杀。幼蝎在离开母体3天后取食量逐渐减少，此时投喂1cm长的黄粉虫较为适宜。离开母体后的幼蝎40~45天时开始第二次蜕皮。幼蝎第二次蜕皮后逐渐恢复活动能力，又开始一个取食高峰期。此时喂虫量要多些，饲料短缺会引起幼蝎及成蝎间的自相残杀现象。许多蝎子养殖户在养殖过程中发现一个现象，就是2~4龄的幼蝎，在喂养时，给蝎子的食物很多但就是不见蝎子长个，这是因为在蝎子的生长过程中投喂的黄粉虫数量不足，导致蝎子吃得很少，还有一种情况就是黄粉虫的个头过大，也会造成营养摄入不及时导致蝎子蜕皮困难。蝎子不蜕皮当然就长不大了。

幼蝎一般蜕皮6次即为成蝎，每次蜕皮后都会出现一个取食高峰期，每个取食高峰期都要多投虫子。对于成蝎的投料，不仅要增加投虫量，而且要常观察，在虫子快被捕食完时及时补充投喂。

由于蝎子属于昼伏夜出的动物，因此无论春夏秋冬，只要蝎房内能保持温度在28~36℃时就可以正常投饵，投喂黄粉虫的时间一般应放在天黑前1h进行。

第五节　蛇虫养殖

　　蛇类具有较高的药用价值、食用价值、观赏价值和工业价值，在我国各地均有养殖，本节为了说明养蛇和黄粉虫的投喂关系，特地以在我国作为主要养殖对象的王锦蛇为例来说明。

　　王锦蛇又称为棱锦蛇、松花蛇、王字头、菜花蛇、麻蛇、棱鳞锦蛇、王蛇、油菜花、黄蟒蛇、臭黄颔等。它的体形属于蛇类中的中上等，体长一般在2m左右。在众多的养殖品种中，王锦蛇是非常受欢迎的一种，因其长势快，肉质多，耐寒能力强，并且季节差价较大，是目前国内开发利用的主要对象。在相当长的时间内，它是养蛇场的主打品种，尤其是在长江以北的各省市的养殖户，大都以它作为无毒蛇的首选饲养对象。

一　饲养场所

　　养殖王锦蛇的饲养场地并没有什么特别的要求，只要是一般的蛇场，做好了防逃设施就可以了，其他的并不需要特别的照顾，在蛇场内可以配备一些必备的运动场和游泳池，那么对王锦蛇的生长发育是很有帮助的。不管南方北方，无论采取何种养殖方式，王锦蛇的蛇窝均应设置在干燥的地方，不能长期处于阴潮环境之下，否则王锦蛇易患疾病（图4-8）。

图4-8　王锦蛇

二　饲养密度

　　适宜的饲养密度对王锦蛇的生长是有好处的，刚刚出壳的幼蛇个体较小，体长在25～35cm之间，活动能力较差，这时的饲养密度可大一点，每平方米蛇房可以放养80～100条；在饲养15天后，拣出幼蛇总数量的1/5，将密度适当降低至60～80条；当幼蛇蜕皮3

次后，可以将密度疏散到每平方米 45~55 条；当幼蛇生长到 500g 左右时，放养密度可以再降低到每平方米 10 条；对于一些生长速度很快的蛇，体重达 800g 左右时，这时每平方米以 5 条左右为宜；在立体养殖条件下，放养的密度可大大增加，例如，体重为 500g 的幼蛇以每平方米可养 20 条左右为宜。

⚠ **【注意】** 有一点要注意的就是，虽然王锦蛇是无毒蛇，但是它性情凶猛，好斗性和攻击性都很强，敢与毒蛇中的五步蛇、眼镜蛇争食，更重要的就是它有蚕食同类或其他蛇类的习性，所以王锦蛇只能单独养殖，不能与其他无毒蛇同场混养。千万不能为了单纯提高养殖密度，而将几种蛇一起混养，那是不可取的。

总之，王锦蛇的饲养密度要根据饲养员的管理经验、养殖场的环境和饵料的供应而定，在条件都能满足的前提下可以将密度放大一点，提高空间利用率；如果条件不成熟时，密度一定要降低，以防止大蛇吃小蛇、强蛇吃弱蛇的悲剧发生，尽可能从管理手段上减少养殖中的损失。

三 饵料供应与投喂

在养殖王锦蛇时，这是要特别注意的一点，千万马虎不得。在保证饵料充足供应与投喂时，一定要注意以下几点：

1）要了解王锦蛇为广食性蛇，以捕食蛙类、鸟类、鼠类、蜥蜴、昆虫类及各种鸟蛋为生，在食物缺乏时，王锦蛇甚至会吃自己的仔蛇，因此养殖中尤其要加以注意。由于黄粉虫养殖比较容易，而且群体量也大，因此可以作为蛇类的主要食物来源。

2）幼蛇的投喂要加强，幼蛇的饵料构成也与成蛇有一定区别。在进行饲养过程中，人们发现黄粉虫不但可以做蛇的饲料，而且还是优质的饲料来源之一，尤其是鲜活的黄粉虫更适合喂幼蛇。

在给幼蛇投喂时，可以多投喂一些小动物，如黄粉虫、蛐蛐、蚂蚱、蝇蛆等，也可以将黄粉虫捣成肉泥状来灌喂幼蛇。由于幼蛇需要在第一次蜕皮后才能主动进行捕食，因此有条件的养蛇场就要加

第四章
黄粉虫的综合养殖

强对幼蛇投喂方面的重点管理，可采取早期灌喂、后期投活饵的交叉方式。在人工灌喂时，要一步步地进行，先只喂给鲜蛋液，再慢慢地在蛋液中酌加一些捣碎的小昆虫，通过黄粉虫的气味刺激来为以后幼蛇主动捕食动物性活饲料打下基础。

王锦蛇的幼蛇，必须人工诱导其集体开食。诱导开食的方法是：在幼蛇的活动场地内，在投喂活饵时，主要投喂一些王锦蛇喜欢吃的黄粉虫、小水蛇、蟋蟀、泥鳅、蛐蛐、蝗虫等供幼蛇自动捕食，由于黄粉虫可以实现工厂化养殖，无论大小规模的养蛇场基本上都可以满足，因此可以用黄粉虫来作为主要的开食诱饵。为了保证幼蛇都能捕到活饵，要求投喂的鲜活黄粉虫的数量要充足，通常可以要达到幼蛇数量的 5~10 倍，创造出幼蛇易于捕捉到食物的环境，这是培养幼蛇开食时期最重要的。对于幼蛇的投喂还要注意一点就是平时不要零星投放饵料，要定点定时投喂，在投喂一天后，要立即将未食或被幼蛇咬死的食物全部清除出来。

幼蛇进食后的第三天就要及时检查一下它们的吃食情况，主要是查看是否所有的幼蛇都能主动进食了，对于个别体弱体小、不能主动进食的幼蛇，这时一定要拿出来单独喂养，进行特别的护理。同时利用医用洗耳球或钝头注射器等工具，强制继续灌喂捣碎的黄粉虫，过段时间将生长发育较好的幼蛇再重新放入蛇场。

至于中蛇和大蛇的养殖，既可以用鲜活的黄粉虫直接投喂成年蛇，也可用黄粉虫干或鲜虫打成浆与其他饲料配合成全价饲料，然后加工成适合蛇吞食的团状，投喂量要根据蛇的数量、大小及季节不同而区别对待，一般为每月投喂 3~5 次。

第六节 虫鸟养殖

一 黄粉虫对观赏鸟的益处

大家都知道"鹦鹉学舌"的故事，这种鹦鹉就是一种观赏鸟。宠物鸟是风靡全世界的一种观赏宠物，尤其是年龄大的老人，早上提笼架鸟，打太极，既锻炼了身体，又享受了生活。我们先祖在生活中经常与鸟打交道，对自然界中的那些羽色华丽、鸣声悦耳或姿态优美的鸟儿发生了浓厚的兴趣，人们对鸟类的驯养已不满足仅仅用于生产、食用、役用（通信、狩猎）的需要，于是开始把一些羽色漂亮、姿态优美、鸣声悦耳的小鸟捕来饲养、驯化，有的还育出了新品种，供人们欣赏、娱乐，从而满足人们的精神需求，因为这种鸟常用小笼饲养在家中，所以也称为笼鸟或家鸟，统称观赏鸟。常见的种类有百灵、画眉、点颏、虎皮鹦鹉、八哥、鹩哥、交嘴雀、蜡嘴雀、金丝雀、十姐妹、文鸟等。要想把宠物鸟养好玩好，不但在选鸟、驯鸟上得有几把刷子，而且在鸟的吃食上也有讲究，例如，给观赏鸟投喂黄粉虫就是近 20 年来人们发现的一种很好的养鸟技巧，在饲喂鸟类时适量投喂黄粉虫，可以显著地增强鸟儿的活动能力，增强它们对疾病的抵抗能力，同时有助于鸟儿的羽毛光洁，尤其对于那些鸣禽如百灵鸟、画眉等来说，经常有规律性地投喂黄粉虫，有助于鸟儿鸣声洪亮、更加悦耳动听。

黄粉虫在全国各地的花鸟鱼虫市场都可以买到，作为观赏动物的饲料时，它有一个更广为人知的外号，叫面包虫，这可能是因为黄粉虫的颜色与面包的微黄相似、幼虫的柔软度与面包相似、幼虫的形状也与一种长形的面包非常相似的原因而得名的，是一种最常见的活体鸟食。在花鸟鱼虫市场上购买时，有时说是买黄粉虫，有的商家一时半会还不知道是什么玩意，但只要说是买面包虫，十有八九他们都知道。

鸟儿的种类比较多，虽然不同的鸟儿在食谱上和投喂方式上有一点差异，但总的来说还是有相同之处的，为了方便说明黄粉虫对喂养观赏鸟的好处以及投喂方法，本书就以百灵鸟为例来介绍黄粉虫作为鸟类饲料的配制方法和饲喂方法。

二 制作虫浆米或虫浆面

1. 基础饲料的选择

基础饲料主要有小米、谷子、黄豆面、玉米面、窝窝头、花生粉、切碎的菜叶等均可以，如果是用谷子喂养，则先要把谷子用水湿润，隔水蒸熟。通常虫浆米是用小米和黄粉虫幼虫制成的虫浆一起配制的，而虫浆面则是用黄粉虫幼虫和黄豆面或玉米面一起制作的。

2. 制作方法

取黄粉虫老熟幼虫 60g、小米 200g、花生粉 25g。将选择好的纯净的黄粉虫老熟幼虫放在养殖黄粉虫用的过滤筛中，如果没有过滤筛可以用家庭生活中的细筛子或者是用淘米做饭的底部有孔眼的淘米篓，用自来水把黄粉虫身上的虫粪及其他灰尘等冲洗干净，再用适量清水烧沸后将虫子立即放入锅中煮 2～3min 捞出，要注意的是不能煮得太久，否则虫子可能会煮烂而无法捞出来。接着用家用电动粉碎机或绞肉机将虫子绞成肉浆，如果没有这些设备，可以直接捣碎备用。再把虫浆与小米、花生粉一起放在容器中搅拌均匀，放在蒸笼中蒸 15min，将小米与花生粉全部蒸熟后取出，待混合物自然冷却至手感不是太凉时轻轻搓开，使混合饲料呈松散状而不是团状，平放在盘中，晾晒干后即可使用，如果一次投喂不完，可以用保鲜塑料袋装好，放在冰箱的保鲜层里。

用同样的道理，可以制作虫浆谷子、虫浆面等饲料。

三　制作虫干

相对来说，制作虫干就要好做一些，说白了就是将黄粉虫制成干燥的虫体后进行保存和投喂。制作虫干的方法有两种，都是比较简单实用的，一般家庭都可以很方便地进行应用，为了以后投喂的方便，制作虫干时一次可以多做一点，只要储存得好，可以制作连续投喂 2 个月的量。虫干和虫粉均应用塑料袋封装冷冻保存。

1. 自然晾干法

取出适量的黄粉虫幼虫，用筛子或淘米篓筛除虫粪，同时要拣除杂质，挑走死虫，再用自来水冲洗虫体，接着将处理干净后的幼虫放在沸水中煮 2～3min，千万不能煮沸过久，这里的虫体会全部死亡而且身体呈直线状，有的有微蜷曲状，将虫体从沸水里捞出装入纱布袋中，在脱水机中脱水 2～3min，如果没有现成的脱水机，可以使用家里洗衣机的脱水桶，也可以脱去水分，最后将简单脱去水分的虫体平铺在纸上或塑料板上，放到室外晾晒，在阳光明媚的时候，晾晒 2～3 天就可以了，待虫体完全干燥后收藏好备用。如果天气不好时，没有充足的阳光，也可以用干燥箱烘干，干燥箱的温度可以设置成 65～80℃，烘烤 5min（图 4-9）。

图 4-9　黄粉虫干

2. 微波炉烘干法

先用自然晾干法处理一下虫体，然后把洁净的幼虫放在家庭微波炉中直接烘干。一次烘干量与微波盘的大小有密切关系，一般是盘大可以多烘干一些，盘小则可以少烘干一些，例如，直径25cm的微波盘可放新鲜幼虫100g，把虫子放好后将微波盘放在微波炉中，开启并设置大火或中火进行微波干燥，一般用中火时需要7～8min，用大火时则需要3min就可以了。经过微波处理后，黄粉虫的虫体会变得膨胀、疏松、干燥，色泽金黄，非常好看。黄粉虫干可直接饲喂百灵鸟，也可研磨成粉状物拌入配合饲料中饲喂。如果是使用黄粉虫粉，既可以与硬料一起混合使用，也可以与粉料一起混合使用。在与硬料一起使用时，可以选用黄粟子8份、菜籽2份、黄粉虫干1份混合搅拌即可；在与粉料一起使用时，由熟鸡蛋1只、玉米粉30g、黄粉虫粉20g研合而成。

第四章　黄粉虫的综合养殖

四　制作虫粉

先将鲜虫用上述两种方法烘干后制成虫干，然后用粉碎机粉碎就成为虫粉，现在市场上有直接制作好的虫粉出售，例如，三虫粉就是用黄粉虫、蝇蛆、蝗虫三种虫子作为原料制作而成的，有的还添加了蚯蚓原料。黄粉虫的干粉，它的饲用价值及营养成分完全可以取代价格昂贵的进口鱼粉。将制作好的虫粉再按比例加入到鸟的配合饲料中，就会配制成为鸟儿爱吃的虫子饲料了（图4-10）。

图4-10　市场上出售的黄粉虫粉

五　活虫直接投喂

以活的黄粉虫喂养百灵鸟等鸟类已经有不短的时间了，现在黄粉虫已经成为肉食性观赏鸟类的必备优质饲料之一。用黄粉虫饲喂百灵鸟时要讲究方法，这是因为黄粉虫体内的脂肪含量和蛋白质含量都比较高，加上百灵鸟等笼养鸟又长期关养在笼里，在狭小的空间里它们缺少有效运动，如果饲喂黄粉虫过量的话，势必会造成百灵鸟的脂肪代谢紊乱，时间一长就会导致百灵鸟体内堆积过多脂肪，体重增加过多而患上肥胖症，特别是成年百灵鸟就像人到中年一样，更容易发胖。所以黄粉虫一般是不宜做单一饲料来喂养百灵鸟的，通常是和其他饲料一起来投喂的，方法是在饲喂其他饲料的同时加喂几条黄粉虫，饲喂量一般为每只鸟每天共喂 10 ~ 15 条就可以了，一定要注意分多次投喂，不要一次性全部喂完。对于那些年轻体质好、活动量大的百灵鸟可适当多喂些，年老体弱的百灵鸟应少喂一些。

六 科学投喂

1. 投喂要点

在制作虫浆米时，也可以用谷子、稗子为主，同时要及时供给苏子、油菜籽、青菜、苹果等。苏子、油菜籽、麻子等高脂肪食物在夏季要控制在10%以内，在冬季可适当增加到15%～20%。青菜饲喂时须切碎，苹果须切成片。

2. 虫干投喂

用虫干饲喂百灵鸟时，既要特别注意虫体卫生，又要控制虫干的含水量。如果处理不卫生或者虫体含水量超过10%时，虫干特别容易变质或发霉，鸟食用后会患肠炎而发生拉稀现象，严重的可导致百灵鸟死亡。

3. 活虫投喂

如果没有制成虫浆米或虫浆面或虫干时，在用活虫投喂的情况下，最好不用死虫投喂，特别在夏季，尽可能不用死虫子喂鸟，以虫粉拌入饲料中饲喂效果较好。在给百灵鸟投喂活虫时，可以用手拿着一条一条地喂，增加主人和鸟儿的互动及娱乐性。也可以用瓷罐装好活虫喂，装虫子的瓷罐要求内壁光滑，以确保虫子不能爬出罐外，当然罐内要保持干燥，不能有水及杂物。

4. 不同生长阶段的投喂

在百灵鸟的不同生长阶段，投喂的黄粉虫还是有一点区别的，亲鸟配对前要投喂虫浆米或鸡蛋小米，每天还要投喂10条左右的活虫。合笼后继续供给鸡蛋小米、鸡蛋玉米面和骨粉，孵化期则停用以上饲料。育雏期应补充投喂熟鸡蛋黄、虫干粉、肉粉或牡蛎粉等。每天还要供给少量切碎的新鲜青菜、切片的水果。在换羽期要适当多喂一些虫浆米、活虫和青菜，并注意喂蛋壳以补钙，促其生长发育，使其顺利换羽。

【提示】 虽然黄粉虫的成虫和蛹也是可以喂百灵鸟的，但是黄粉虫的蛹脂肪含量特别高，投喂时更要小心，一定不能多投，否则会使百灵鸟生长过肥或产生其他副作用。

第四章 黄粉虫的综合养殖

5. 及时补钙

虽然黄粉虫本身的钙质也很丰富，但是仍然不能满足鸟儿的生长需求，因此需要定期为百灵鸟进行补钙，除了在饲料中添加钙质（如活性钙等）外，还可以将含钙等矿物质的原料拌和在粉料中，也可将乌贼鱼骨常年插在笼内，任鸟啄食，每天每只喂干料 10g、粉料 5g、菜叶 1 张。

6. 控制投饵量

每天投喂给百灵鸟的黄粉虫数量要得当，在自然界里生活的百灵鸟，喜欢吃食各种虫子，而且只要有虫子存在时，优先吃虫子，但在笼养时，无论是虫浆米还是干虫或鲜虫，都不能让它吃个够，必须加以控制，这是因为在自然界里的百灵鸟由于受到环境的影响和天敌的威胁，它们虽然吃了不少的虫子，但是精神保持高度紧张，每天的活动量非常大，消化功能也随之增强，这一点是笼养鸟所无法比拟的，笼养鸟长期处于养尊处优的条件下，体内各种能量的补充也很充分，在狭小的笼养环境下也无法振翅高飞。

> ⚠️ 【注意】 如果给鸟投喂黄粉虫的量不加以控制的话，很快就会导致百灵鸟肥胖、精神萎靡、生病乃至死亡。

7. 防止百灵鸟摄食黄粉虫后生病

大多数的百灵鸟在食用黄粉虫的活虫或虫浆米后，都生长得非常好，少数鸟儿却因吃得过多而出现精神不振、翅膀散开、过度地喝水现象，同时排便量增加，排便次数也增加，而且排出的粪便呈稀汤样，有的鸟友就说这是吃虫子吃的，鸟儿闹肚子了，有的鸟友则说是百灵鸟换食后出现的水土不服反应。其实他们都说对了一半，真实的原因就是出现在投喂的虫子身上，让百灵鸟吃后出现了肠炎。一旦百灵鸟出现了这些症状后就要立即排查病因，在确定没有其他因素干扰后，那就可以考虑是以下两种原因造成的：一是投喂的黄粉虫鲜虫不新鲜，里面有死虫或病虫，虫子本身带菌带毒，鸟儿吃下去能不生病吗？二是当时做虫浆米或晒成虫干时，所采用的黄粉虫原料可能混有病虫或死虫，也可能是在储存过程中，发生了霉变或其他质量因素所导致的。三是饲喂过量，没有节制地投喂给黄粉虫，加上鸟的活动量少，引起百灵鸟的消化不良或蛋白质过剩而得病。所以在投喂黄粉虫的鲜虫或虫浆米或干虫粉时，一定要掌握两个原则，一是安全，要及时清除杂物和病虫、死虫；二是适量投喂。

> 💠 **【提示】** 黄粉虫投喂量过多，百灵鸟还会发生眼角起泡、鸟的眼屎过多现象，有时粪便颜色还有发绿变深甚至向深褐色转变的迹象，一旦有这些症状时，就应立即停止投喂黄粉虫，多喂一些蔬菜、瓜果皮等食物。

七　做好黄粉虫的管理

养鸟爱好者既可以到花鸟鱼虫市场购买现成的黄粉虫，也可以自己养殖黄粉虫。如果是自己专门养殖的，黄粉虫的管理方法就同前文介绍的一样。但是绝大多数养鸟的朋友是从市场上买虫子回来喂的。

从市场上购买回来的黄粉虫要加强管理，着重是做好以下几点工作：

1. 购买量要适宜

不要贪图便宜一次性多买，也不要图省事，一次购买一个月或两个月的量，从市场上买虫子时，一般按每只百灵鸟一天吃 10 只，最多 15 只计算，一次只买一周最多是 10 天的量，也就是每只百灵鸟一次可购买 100～150 条黄粉虫的幼虫，可供 7～10 天投喂。爱鸟人有多少只百灵鸟就购买多少条黄粉虫。

2. 要确保成活

对那些一次性买回来的可供 10 天左右投喂的虫子，一定要想方设法让它成活，精心喂养和管理，不能让虫子得病，更不能死亡、变质、霉烂，确保在投喂时要鲜活。

具体的措施可以采取以下几种做法：

1）在购买黄粉虫时要抓好质量关。选择那些行动活泼、色泽亮丽的虫子，从源头上减少病虫害的发生概率。

2）抓好放养关。把买回来的幼虫一定要放在预先准备好的洁净的小塑料盒中或养虫箱中，如果没有这些设备，可以用家庭常用的

第四章
黄粉虫的综合养殖

塑料整理箱或者是深口脸盆，把虫子放进去，再在上面投入约1cm厚的麦麸或玉米粉就可以了。

3）抓好喂养关。在饲养黄粉虫养鸟时，由于爱鸟都是以暂养为目的，所以平时投喂虫子饵料时是以麦麸或玉米粉或谷糠为主，在晴天温度较高时，可以投入一些青菜叶、白菜叶、菠菜叶或一些鲜嫩的野生青草，菜叶或草要在太阳出来后采摘，既要确保叶片上不含露水，也要确保叶片新鲜，不能有发蔫的现象。把大的菜叶撕成小片投喂，投放量以1cm²的叶片供5条黄粉虫吃就可以了。

> 【提示】 如果投喂菜叶过多或菜叶上带有水分，可能会让饲养盒里的饲料发生霉变、腐烂，黄粉虫易发生疾病。

4）注意虫子的变态。有的朋友在黄粉虫买回来暂养的过程中，会发现三四天后，有的虫子不吃不动变成一团白白胖胖的家伙，而有的则变成了黑乎乎的家伙，这就是黄粉虫在变态了，幼虫先变成蛹，也就是人们常看到的白白胖胖的家伙，而蛹又会继续生长并变态为成虫，也就是黑乎乎的家伙，在变态期和化蛹期要加强对它们的管理。

5）加强对虫体和虫粪的检查，如果发现饲料和虫粪有发生潮湿结团现象时，就要尽快清除粪便及杂物。

第七节　蛙虫养殖

由于蛙类的生活习性和捕食特点都基本相同，故本节以青蛙为例来说明养殖这一类蛙或蟾蜍，在给它们投喂黄粉虫时的技巧和注意要点。由于青蛙是一种变态动物，它的蝌蚪和幼蛙及成蛙有着明显的不同，而用黄粉虫来喂养的是幼蛙和成蛙，因此这里着重介绍幼蛙和成蛙的投喂技巧。

一　蛙池建设

目前蛙池的结构主要有两种，一种是土池，适用于产卵池、亲蛙池、幼蛙池和成蛙池；另一种就是水泥池，多用于孵化池和蝌蚪专用培育池。

蛙池的形状并没有太多的讲究，总的来说还是以长方形为好。方向是以南北短、东西长为好，有利于蛙类的生长。

由于蛙是水陆两栖动物，因此蛙池的深度也要与它们的生活习性相适应，深水区的水深宜以 1.2m 为宜，浅水区以 0.2m 为宜。

二 防逃设施建设

由于蛙的活动能力和跳跃能力很强，因此应特别注意防逃工作，另外夏季暴风雨多，蛙受惊后会爬越障壁或掘洞逃跑，因此在这种天气要特别注意做好防逃工作。蛙池的四周要设高 1.2m 左右的栏网，也可以用芦帘、竹篱笆或铁丝网、尼龙网、砖墙等围起来，围栏要入土 15 ~ 20cm，高 1.8m 以上，防止蛙外逃。

三 苗种放养

饲养上对苗种的要求是：数量充足，规格合适，种类齐全，体质健壮，无病无伤。

蝌蚪放养时间一般为农历 3 月初，放养密度为 200 ~ 250 只/m²，放苗时温度最好保持在 20℃ 左右，待蝌蚪完全变态后，根据死亡情况补充幼蛙，保证幼蛙数量为 120 ~ 150 只/m²。在蝌蚪或幼蛙入池时要注意以下几点：第一，下塘的苗种规格要整齐，否则会造成苗种生长速度不一致，大小差别较大；第二，下塘时间应当选在池塘浮游生物数量较多的时候；第三，下池前要对蝌蚪或幼蛙进行药物浸洗消毒，杀灭它们体表的细菌和寄生虫；第四，下塘前要试水，两者的温差不要超过 2℃，温差过大时，要调整温差；第五，下塘时间最好选在晴天进行，阴天、刮风下雨时不宜放养；第六，搬运时的操作要轻，避免碰伤蛙体和蝌蚪；第七，使用的工具要求光滑，尽量避免使蝌蚪和蛙体受伤。

四 科学投喂

1. 蛙的不同阶段的食性

蛙类是以动物性饲料为主的杂食性动物，不同阶段的食性是有一定差别的。在蝌蚪时期它是以植物食性为主，而自从变态发育到幼蛙后，它的食性也随之发生变化，以动物食性为主。成蛙时期则以环节动物、节肢动物、软体动物、鱼类、爬行类为主，其中以节肢动物的昆虫为最多，在蛙的食物检测中，约有75%的食物是各种昆虫，这些昆虫大多数是农田害虫，因此蛙类是对人类有益的动物。在人工养殖时，经过驯化，它们都可以吃人工配合饲料。

⚠️ 【注意】 在用黄粉虫喂养牛蛙时，只是在幼蛙期和成蛙期包括亲蛙期进行投喂，在蝌蚪期是不用投喂黄粉虫的。

2. 蝌蚪的饲料

在蝌蚪下塘时，水体应有一定的肥度，即有一定量的饵料生物，以满足蝌蚪的需要。在蝌蚪下塘前5~7天注入新水，注水深度40~50cm。注水时应在进水口用60~80目绢网过滤，严防野杂鱼、小虾和有害水生昆虫进入。基肥为腐熟的鸡、鸭、猪和牛粪等，施肥量为每亩150~200kg。施肥后3~4天即出现轮虫的高峰期，并可持续3~5天。以后视水质肥瘦、蝌蚪生长状况和天气情况适量施追肥。

蝌蚪阶段的投喂以蝌蚪粉（专用的饲喂蝌蚪的粉状饵料）为主，也可以投喂少量当地鱼粉。每天投喂2次，时间分别为早上9：00和下午4：00。开始阶段每次投喂量在0.5~0.75kg/万只蝌蚪，两个月后逐渐加料到1.75~2kg/万只蝌蚪。蝌蚪变态后开始减料，从其后腿长出到尾巴消失期间基本停料。

3. 蛙的捕食方式对黄粉虫的要求

蛙在捕食时是近视眼，它对静态的食物几乎没有反应，而对动态的食物则反应迅速，这就要求在喂黄粉虫时一定要喂鲜活的幼虫，对于活动不活泼的虫子则要想法让它动起来，以激起蛙的捕食欲望。蛙的取食主要是在夜晚进行，它是采取袭击式的方式进行掠食。在自然状态下，它总是蛰伏不动，当它发现猎物时，就会慢慢地接近猎物，在到达一定的距离后，蛙会采取突然跃起的方式扑向猎物，同时将口中长长的且带有黏液的舌头伸出去，将猎物黏捕入口。

4. 幼蛙投喂黄粉虫

幼蛙的投喂是比较重要的，尤其是幼蛙驯食的重要时段，在高密度养殖蛙类时，当然最好的饵料就是黄粉虫、蚯蚓等活饵料，一且没有充足的活饵料供应时，就必须驯养蛙类来吃食死饵料或配合饲料，因此可以将黄粉虫制成虫干或虫粉添加到饲料中，保证蛙类一年四季都能吃到这种优质高效的动物蛋白，这才是高产高效养蛙的基础。

（1）**设置饵料台** 在人工投喂鲜活的黄粉虫或配合饲料时，不可能每次都会被蛙全部吃完，为了便于清除残留下来的食物，防止蛙池水质恶化，减少蛙病害的发生，因此喂给蛙的饲料必须投喂在饵料台上。

饵料台可用泡沫板制作，也可用木框聚乙烯网布制作。用泡沫板制作方法，一般将泡沫板裁成长 50～60cm、宽 40～50cm、厚 3～4cm，再在其长边的中心点钻个小洞，将一根小竹竿穿过小洞固定在蛙池中即可。木框聚乙烯网布饵料台制作方法是：先做一个长 60cm、宽 50cm、高 8～10cm、厚 2cm 的木框，然后将聚乙烯网布拉紧，用塑料包装袋压条，再用小铁钉钉在木框的底部。如果制作的饵料台浮力不足，这时就在饵料台的两端再缚一条泡沫条，用以增加饵料台的浮力。蛙类饵料台以每 200～300 只蛙搭设一个为宜。

（2）**利用黄粉虫进行蛙类驯饵** 人工培育的活的黄粉虫可直接投喂在饵料台上，由于活的黄粉虫是运动的，蛙可以直接进行捕食。

但是对于那些刚死而且还没有变质的黄粉虫或者是投喂含有黄粉虫干配制的饲料时，一定要事先对蛙进行驯食，这是因为蛙的眼睛是近视的，而且只对运动着的食物感兴趣，如果死饵料不"动"起来，那么蛙就不会吃食，因此要想将配合饲料或刚死亡的新鲜饵料顺利地让蛙吃下去，就必须经过驯食。驯食就是人为地驯养蛙由专吃昆虫等活饵料改为部分或全部吃人工配合饲料、蚕蛹、死饵料等静态饲料。在驯食时，提倡早驯食要好于晚驯食，晚驯食要强于不驯食，因此驯食的蛙龄越小，驯食所用的时间就越短，驯食的难度就越小，当然驯食效果也就越好，饲料损失越少。一般要求在幼蛙变态后的一周内就开始驯食。

1）拌虫驯食。拌虫驯食简单地说就是用活动虫子的运动来刺激蛙类捕食死饵料，这种驯食的方法可以分成以下几个步骤：第一步是将饲料加工成合适的大小，这种大小既要能让蛙看起来和虫子差

第四章 黄粉虫的综合养殖

不多大小，让蛙误认为是鲜活的虫子，同时又要能让不同阶段的蛙一口吞下，因此可将人工配合饲料加工成直径与黄粉虫幼虫差不多的颗粒饲料；第二步是放虫子，将加工后的饵料放到饵料台上，再按一定的比例在这些静态饲料上放上黄粉虫等会爬行的活饵料；第三步是刺激蛙捕食，在驯食前先要将蛙饥饿 2～3 天，然后把死饵料和活饵料都放到饵料台上，这些活饵料在静态饲料中间爬行、蠕动和翻滚，从而带动静态饲料的位移和滚动。蛙见到这些饲料由静变动，误认为是"活虫"，在争食活饵料的同时也摄食了这些"动"的静态饲料；第四步是循序渐进，强化驯食，拌虫驯食一般分 3 个阶段，也就是 1/3 原则，就是第一阶段用 1/3 死饵料拌和 2/3 活饵料饲喂，以活带动死，第二阶段是采取死饵料和活饵料对半拌和饲喂，让蛙渐渐适应活饵料减少的结果，第三阶段以 2/3 死饵料拌和 1/3 活饵料饲喂，仍然让活饵料的"动"来刺激蛙的捕食欲望。每个驯食阶段以一周为宜。若效果不理想，可延长时间，直到蛙能直接摄食死饵料为止。

2）抛食驯食。抛食驯食的方法是比较简单的，驯食步骤如下：第一步是在食场附近放置一个面积为 2～4m² 的饵料台，并在饵料台的上方斜搁一块小木板，小木板的一端连着饵料台，另一端固定在堤岸上；第二步是将静态饲料加工成直径与黄粉虫幼虫差不多的颗粒饲料备用；第三步是在驯食时先撒一点黄粉虫等活饵料在饵料台上，再将准备好的饲料轻轻地抛向斜搁的小木板上，这些饲料沿着斜放的木板滚落到下面的饵料台上，蛙误以为是"活虫"而争食；第四步是循序渐进，强化驯食，慢慢地将活的黄粉虫的数量减少就可以了。

3）振动驯食。振动驯食是利用振动的原理使静态饲料被动地"活"起来，从而造成蛙的视觉误差而捕食。振动驯食的方法和步骤是：第一步是将饵料台安装在蛙池四周的堤埂边或池中陆岛上，饵料台底部离地面 5～7cm；第二步是在饵料台上安装振动装置，就是将弹性很好的弹簧安装在饵料台底部的正中或四角；第三步是将静态饲料和少量的黄粉虫等活饵料一起放在饵料台上；第四步是振动驯食，当蛙看见蠕动的黄粉虫时，就会立即跳上饵料台，随着蛙不断地跳上和跳下，饵料台也因为弹簧的弹性作用而上下振动，这种振动也带动了静态饲料不停地振动和滚动，蛙误以为是"活虫"而争食。

（3）幼蛙投喂黄粉虫应注意的几个问题

1）驯食时的黄粉虫要鲜活，不能腐烂，被驯的死黄粉虫一定要是刚死半小时左右的，不能时间太久；饲料的配方要科学，各种营养要丰富，也不能有霉变现象。

2）幼蛙的食欲十分旺盛，应采取少量多次的投喂原则，让它们吃好吃饱。

3）当幼蛙移养到一个新环境时，由于环境的不适应，它会躲在遮阴处或蛙巢内很少活动，有时也不取食。一旦遇到这种情况时，就要采取果断措施促进幼蛙的捕食，一是增加活的黄粉虫的投喂量，刺激幼蛙的捕食欲望，待它正常摄食后，再进行专门的驯食；二是将不吃食的幼蛙捉住，用木片或竹片强行撬开它的口，将黄粉虫一条一条地填塞进口，促进开食。

5. 成蛙、亲蛙等大蛙投喂黄粉虫

1）在鲜活黄粉虫数量充足且来源有保障的情况下，可以直接给成蛙、亲蛙等投喂活的黄粉虫，同样也是将黄粉虫放在饵料台上，不要到处乱撒乱喂。成蛙和蟾蜍捕食黄粉虫的能力十分强，例如，一只30g重的蛙每次每只可捕食黄粉虫4g左右。

2）如果鲜活的黄粉虫数量没有充足的保障时，为了提高蛙饵料的利用率，促进蛙的快速生长，可以在经过幼蛙的驯食基础上，投喂用黄粉虫干配制的颗粒饲料。

3）无论是活饵料还是颗粒饲料，一般每天可投喂4次，即上午8：00、11：00，下午2：00、5：00各一次，尤其是下午5：00的那一次是最主要的投喂时间，可占一天饵料的50% ~60% 。

4）成蛙的食欲是十分旺盛的，平时蹦跳不停都是为了寻找可口食物，因此蛙的投喂量宜多不宜少，可采取少量多次的方法，每次投喂的饲料要在一个半小时左右吃完为宜。其日投喂量占蛙体总重量的10% ~15% 。

食用黄粉虫和其他昆虫的蟾蜍死亡率有很大的降低，蟾酥产量可提高 10% 以上。

五　及时分养

分养就是按蛙体大小适时分级、分池饲养。由于蛙的密度大，幼蛙饲养一个阶段后，因为饵料投喂不匀以及个体间体质强弱的差异，会出现个体大小不一的现象，有时这种差异也很悬殊。例如，同期孵出、同期变态的幼蛙，经两个月饲养，大的个体可达 120g 左右，小的个体还不到 25g。由于一些蛙有大吃小的恶习，所以要及时按大小进行分池饲养，以提高蛙的成活率。

分养时，养殖的数量与蛙的规格是密切相关的，例如，一个养殖池当初的养殖密度是规格为 25～50g 时，每平方米放养 60～80 只；当规格达到 100g 时，这时就可以适时分养了，将密度调整为每平方米 30～40 只；当规格达到 150g 时，可以再一次进行分养，每平方米调整到 20～30 只。

—第五章—
黄粉虫的饲料

在少量养殖黄粉虫时，可以利用麦麸、瓜果、青菜等粗饲料来喂养，能有效地利用这些农村最常见的资源，并将其转化为明显的经济效益。但是如果是在大规模养殖黄粉虫时，单纯地饲喂麦麸等粗饲料就显得不合要求了，一方面这些新鲜的粗饲料在种植和保存上有时间的限制，不能保证一年四季都能满足黄粉虫的养殖所需，另一方面就是黄粉虫的不同虫态期，它们的生长发育对营养的需求并不完全一致，因此全部都用一样的粗饲料就不能体现规模化养殖的效果。所以说，要想规模化养殖黄粉虫并取得最佳的经济效益，就要给它饲喂正常生长发育所需要的全价营养的优质饲料，可以根据不同的虫态、不同的虫龄、不同的季节、不同的饲养方式及不同的养殖目的，根据虫体所需要的不同的营养配比，结合当地的自然资源和优势资源给予不同的且科学的饲料原料和配方。

第一节　粗饲料的来源与利用

黄粉虫所需的营养成分与高等动物基本相同，其饲料中必须含有蛋白质、糖类、脂类、维生素和无机盐等营养成分，由于黄粉虫的食性较杂，所以它的饲料来源，总的来说是非常广泛的，而且也比较简单方便，常见的有各种粮食、麦麸、玉米面、豆饼粉、花生饼粉、芝麻粉、豌豆粉、面包、馒头、各种农作物秸秆、油料、米糠、树叶、苏丹草、黑麦草、野草及糖果渣沫等。新鲜的菜类主要有白菜、青菜、生菜、萝卜、南瓜、冬瓜、西葫芦、苹果、土豆等，幼虫还吃榆叶、桑叶、桐叶、豆类植物叶片等，用以补充维生素、微量元素及水分的需要，要注意这些蔬菜要没有农药残留。另外有的配合饲料还添加了少量葡萄糖粉、鱼粉等。

纵观现在养殖的情况，黄粉虫的饲料主要来源还是以农副产品及食品加工副产物等为主。

一 麦麸

麦麸俗称麸皮，通常是将小麦磨成粉后的产品，有许多地方也将小麦精加工后的下脚料称为麦麸，它是饲养黄粉虫的传统饲料，也是目前最主要的饲料原料之一，同时以各种无毒的新鲜蔬菜叶片、果皮、西瓜皮等果蔬残体作为补充饲料，它们为维生素和水分的来源。麦麸主要是由种皮、外胚乳、糊粉层、胚芽及颖、稃中的纤维残渣等组成的，与一些籽实类饲料原料相比，具有粗蛋白质、粗纤维、B族维生素及矿物质等含量高，淀粉含量低的优点，加之它的质地疏松，容积大，吸湿性强，具有一定的轻泻性，属于一类低热能饲料原料。

用麦麸为原料配制的饲料配方，主要是用来饲喂幼虫和供繁殖育种用的成虫，确保繁殖所需要的营养效果。如果用麦麸、玉米面、豆饼粉、花生饼粉等多种混合糠粉为原料发酵而成的生物饲料已经被广泛运用于工厂化规模养殖中，可以有效地降低饲料成本，提高经济效益。

二 农作物秸秆

从广义上讲，秸秆作为一类重要的农业有机废弃物资源，可以说伴随着原始农业、畜牧业就产生了。农作物秸秆主要是指玉米秸秆、玉米芯、麦秸秆、豆秆、高粱秸秆、油菜秸秆、稻草、花生藤、花生壳、木薯秸秆、剑麻渣、甘蔗渣、木屑、豇豆藤、红薯藤等，是这些农作物在收获果实后留下的废料，它们的主要成分是纤维素、半纤维素和木质素，还含有一些其他营养物质，如维生素、果胶质、脂肪等。

这些饲料中含有的纤维素、半纤维素在一般情况下难以分解，其他的营养成分也因胶质的包裹而不易被一些家禽、牲畜等直接利用，直接用来投喂黄粉虫的话，黄粉虫对它直接消化吸收利用也是有一定的困难的，因此在投喂前，必须要经过一段时间的发酵及微生物处理后方可，发酵及微生物处理的目的将这些农作物秸秆中的纤维素、半纤维素以及多聚糖等进行软化，降解成低分子的、易吸收利用的小分子碳水化合物，同时部分被微生物所营养和利用，合成游离氨基酸和菌体蛋白，才能方便被黄粉虫利用，从而达到提高利用率的目的。

用农作物秸秆发酵饲料来投喂黄粉虫，不但生产成本低，而且营养丰富，是理想的黄粉虫的补充饲料。但是，目前的研究结果表明，秸秆发酵饲料只能作为规模化养殖黄粉虫的一个补充饲料来源，还不能完全替代全价配合饲料，若要取得最佳的经济效益，还是需要研制专用的配合饲料。

三 米糠

米糠是指将糙米加工成细米时分离出来的由种皮、糊粉层和外胚乳等组成的混合体，一般出糠率约8%，米糠的营养价值和麦麸一样，取决于糙米的加工细度，也是饲养黄粉虫的原料之一。

鲜米糠的适口性好，营养价值相当于玉米的85%左右，含蛋白质约13%，氨基酸中的赖氨酸含量较高，约为0.81%，蛋氨酸含量约为0.26%，约为玉米含量的1.5倍。

四 果渣

果品经过罐头厂、果酒厂、饲料厂加工后，通常被废弃的下脚料称为果渣，这种果渣包含有果核、果皮、果浆等，经过适当加工后就可以成为黄粉虫的优质饲料。有关研究表明，黄粉虫对各类果渣的转化能力很高，在经过简单的处理后，就可以用来饲喂黄粉虫，可大大降低养殖成本。

五 各种饼粕类

饼粕是一些含油量较多的籽实经过榨油或其他成品、半成品的提炼后而最终留下的副产品，它的主要种类有大豆饼粕、菜籽饼粕、花生饼粕、棉仁（籽）饼粕、芝麻饼粕、葵花饼粕、椰仁粕、豌豆粉和羽扇豆粉等多种。

这类资源我国的拥有量是非常广泛的，可以说全国各地到处都有，取材也很方便，是黄粉虫优质的饲料原料，建议养殖户要充分利用各地资源优势，因地制宜，变废为宝，降低养殖成本，提高经济效益。

六 蔬菜

将蔬菜作为黄粉虫养殖的含水饲料，是目前最常见的，也是利用范围最广泛的。蔬菜不仅可以提供适量的水分，而且可以调节养殖环境内的湿度，为黄粉虫提供最佳的生存环境。

通常供黄粉虫养殖用的蔬菜有白菜、青菜、菠菜、蕹菜等叶菜类。

> 【提示】 根据经验，如果投喂的蔬菜水分过多，极易使饲养箱内的湿度太大，造成霉变现象，导致黄粉虫患病，有时这种损失是无法挽回的，也是十分巨大的。因此建议养殖户在采收蔬菜时最好在早上9：00左右采收，尽量不要在有露水的情况下采收，阴雨天也要少采摘果蔬，一旦没有食物来源，急需蔬菜时，要将有水珠或有露水的蔬菜稍微晾干后再投喂。

七 饲草

饲草的种类有很多，大多数是渔业用草、牧业用草、禽业用草等，由于它们种植简单、采收方便，营养价值较高，而且单位产量极高，完全可以满足规模化养殖黄粉虫的饲料需求，所以有不少养殖户也专门开辟了种草养虫的技术路线，实践证明，这是一条不错的好路子。

1. 苏丹草

苏丹草是一年生草本植物，是当前世界上栽种最普遍的牧草和渔草，是一种很有价值的高产优质青饲作物。苏丹草具有高度适应性，我国各地几乎均能栽培，它的最大优势就是产量很高，在适宜的条件和合理的管理技术下，一亩田可年产鲜草18吨左右。

苏丹草在分蘖后生长迅速，有资料表明，在高温高湿的适宜条件下，一昼夜它的茎秆可生长7cm左右，它的再生能力特别强，从

5～8月间每10天就能刈割一次。

黄粉虫对苏丹草的利用可以分为两部分，一部分是利用它的茎、叶，用苏丹草的茎叶饲喂黄粉虫时的方法同用蔬菜叶喂虫子是一样的。鲜嫩的苏丹草是黄粉虫的幼虫所喜欢的好饲料；另一部分可以利用的就是它老后的秸秆，在苏丹草经过多次的刈割后，最后老熟，在采收完种子后，可以将剩下的秸秆同玉米秸秆一样的处理方法进行处理后，用来饲喂黄粉虫。

2. 黑麦草

黑麦草有多年生和一年生两种，本人建议在投喂黄粉虫时，为了节约劳动成本，可以栽种多年生黑麦草。黑麦草生长快、分蘖多、繁殖力强，茎叶柔嫩光滑，品质好，它新鲜的茎叶是黄粉虫养殖的优良新鲜饲料。黑麦草对土壤要求不严，几乎所有的地方都能种植，养殖户可因地制宜，利用房前屋后的空闲地种植它，极有利于发展黄粉虫的养殖，而且它的再生能力强，不怕践踏，在刈割后能很快恢复长势。用黑麦草投喂黄粉虫的方法同蔬菜投喂是一样的（图5-1）。

图5-1　用黑麦草养黄粉虫

第二节　配合饲料的配方

发展黄粉虫养殖业，光靠麦麸和蔬菜等天然饵料是不行的，必须发展人工配合饵料以满足养殖要求。尤其是在人工饲养黄粉虫时，不能长期只喂一种饲料，单纯地投喂麦麸等饲料会造成饲料的浪费和利用不充分，应该投喂由多种饲料制成的混合饲料，这样才能满足黄粉虫生长、发育、繁殖所需要的各种营养物质，保证其正常生长发育和繁殖，不然，黄粉虫得不到足够的营养物质，仅能维持生命，生长发育受阻，虫体变小，繁殖力下降；另外，不同的虫龄、不同的虫态、不同的季节、不同的养殖目的，虫体所需的饲料营养配比也有所差异，所以人工配合饲料的研制对规模化养殖黄粉虫来说是必需的。

我国各地黄粉虫的养殖户相当多，加上全国各地的饲料原料也不尽相同，所以各地开发出的饲料配方也比较多，在本书里，编者做了大量的工作，搜集了全国各地众多行之有效的饲料配方，以帮助读者朋友，但是各地的养殖户朋友还是要根据本地的优势资源，按虫体生长状况和饲料来源、配方质量、经济状况及饲料成本等因素，灵活掌握，自行调整选择适合自己实际情况的饲料配方，不可生搬硬套、固守一方。

一 幼虫配合饲料的配方

【配方 1】麦麸 70%，玉米粉 24%，大豆粉 5%，食盐 0.5%，饲料复合维生素 0.5%。

【配方 2】麦麸 40%，玉米粉 40%，豆饼 18%，饲用复合维生素 0.5%，混合盐 1.5%。

【配方 3】麦麸 70%，玉米粉 20%，大豆 8%，饲用复合维生素 1%，混合盐 1%。

【配方 4】麦麸 40%，玉米麸 40%，豆饼 17.5%，复合维生素 1%，混合盐 1.5%。

【配方 5】麦麸 70%，玉米粉 25%，大豆 4.5%，饲用复合维生素 0.5%。若加喂青菜，可减少麦麸或其他饲料中的水分含量。

【配方 6】麸皮 70%，玉米粉 20%，芝麻饼 9%，鱼骨粉 1%。加开水拌匀成团，压成小饼状，晾晒后使用。

【配方 7】高纤维素农林副产品，如木屑、麦草、稻草、玉米秸、树叶等，经发酵处理后可用来饲养幼虫。

【配方 8】麦麸 100g，葡萄糖 20g，胆固醇 0.5g，氯化胆碱 0.02g，核黄素 0.5mg，水 40mL。

【配方9】鱼粉20%，豆粕56%，酵母3%，麦麸17%，矿物质1%，其他添加剂3%。

【配方10】鱼粉17%，啤酒酵母2%，玉米粉78%，血粉1%，复合维生素1%，矿物质添加剂1%。

【配方11】鱼粉10%，蚕豆粉35%，血粉1%，啤酒酵母2%，玉米粉50%，复合维生素1%，矿物质1%。

【配方12】血粉5%，大豆饼35%，玉米淀粉33%，小麦粉25%，生长素1%，矿物质添加剂1%。

【配方13】100gEM原露，100g红糖，15kg水，50kg干燥的青饲料。将配制好的液体均匀洒于饲料中，并搅拌均匀，装入塑料袋、桶、缸等容器中，或用薄膜覆盖均可，压实密封。发酵4~10天即可做饲料喂养黄粉虫。

【配方14】麦麸35%，玉米粉40%，豆饼24.5%，饲用复合维生素0.5%。

【配方15】苏丹草粉25%，玉米粉46%，豆饼27%，饲用复合维生素0.5%，混合盐1.5%。

【配方16】麦麸40%，黑麦草粉30%，豆饼28%，其他矿物质2%。

【配方17】麦麸80%，玉米粉10%，豆饼9%，饲用复合维生素1%。

【配方18】麦麸80%，玉米粉10%，豆饼10%。

【配方19】麦麸45%，米糠45%，鱼粉10%，添加少量的复合维生素。

【配方20】麦麸90%，玉米粉5%，豆饼4.5%，混合盐0.5%。

【配方21】麦麸65%，玉米粉28%，大豆6%，饲用复合维生素1%。若加喂青菜，可减少麦麸或其他饲料中的水分含量。

【配方22】麦麸70%，玉米粉20%，芝麻饼9%，鱼骨粉1%。加开水拌匀成团，压成小饼状，晾晒后使用。也可用于饲喂成虫。

【配方23】麦麸50%，玉米粉30%，豆饼18%，饲用复合维生素0.5%，混合盐1.5%。本配方也可用于饲喂成虫。

二 成虫配合饲料的配方

【配方1】麦麸45%，玉米粉35%，豆饼18%，食盐1.5%，饲用复合维生素0.5%。

【配方2】麦麸80%，玉米粉10%，花生饼9%，其他（包括多种维生素、矿物质粉、土霉素）1%。

【配方3】麦麸60%，碎米糠20%，玉米粉10%，豆饼9%，其他1%。

【配方4】麦麸40%，玉米粉40%，豆饼18%，饲用复合维生素0.5%，混合盐1.5%。

【配方5】花生麸38%，玉米麸40%，豆饼20%，复合维生素1%，混合盐1%。

【配方6】麦麸50%，豆粕34%，玉米粉10%，芝麻粉5%，其他1%。

【配方7】麸皮80%，玉米粉10%，芝麻饼9%，鱼骨粉1%。

【配方8】麸皮70%，玉米粉20%，芝麻饼9%，鱼骨粉1%。

【配方9】劣质麦粉95%，食糖2%，蜂王浆0.2%，复合维生素0.4%，饲用混合盐2.4%。

【配方10】鱼粉13%，玉米粉42%，大豆粉36%，啤酒酵母3%，维生素添加剂2%，矿物质添加剂3%，食盐1%。

【配方11】鱼粉5%，麦麸72%，大豆蛋白4.4%，啤酒酵母3%，玉米粉12%，氯化胆碱（含量为50%）0.3%，维生素添加剂1%，矿物质添加剂2.3%。

【配方12】花生麸45%，玉米麸38%，豆饼15%，复合维生素1%，混合盐1%。

【配方13】麦麸38%，米糠44%，鱼粉17%，复合维生素1%。

【配方14】花生麸10%，麦麸2%，豆粕80%，鱼粉4%，食糖2%，复合维生素0.8%，混合盐1.2%。

【配方15】麦麸15%，大豆粉3%，复合维生素1%，豆粕81%。

【配方16】麦麸10%，花生粉43%，蚕豆粉45%，复合维生素1.2%，混合盐0.8%。

【配方17】麦麸20%，玉米粉4%，大豆粉3%，食糖3.5%，复合维生素0.5%，酒糟69%。

【配方18】麦麸25%，鱼粉4%，玉米粉4%，食糖4%，复合维生素1.2%，混合盐0.8%，酒糟61%。

【配方19】麦麸20%，鱼粉5.5%，食糖4.5%，复合维生素1.2%，混合盐0.8%，果渣68%。

【配方20】花生麸10%，玉米粉5.5%，复合维生素1%，果渣83.5%。

【配方21】麦麸76%，鱼粉2%，玉米粉16%，食糖4%，饲用复合维生素0.8%，混合盐1.2%。此配方适用于产卵期的成虫，可延长成虫寿命，提高产卵量。

【配方22】纯麦粉（质量较差的麦子或麦芽等磨成的粉）93%，玉米粉2%，食糖2%，蜂王浆0.2%，饲用复合维生素0.4%，混合盐2.4%。

【配方23】劣质麦粉90%，食糖2%，玉米粉5%，蜂王浆0.2%，复合维生素0.4%，饲用混合盐2.4%。主要用于饲喂做种用的成虫。

【配方24】麦麸58%，马铃薯27%，胡萝卜14%，食糖1%。

三 产卵成虫配合饲料的配方

【配方1】麦麸75%，鱼粉5%，玉米粉15%，食糖3%，食盐1.2%，饲用复合维生素0.8%。

【配方2】纯麦粉95%，食糖2%，蜂王浆0.2%，饲用复合维生素0.4%，混合盐2.4%。

【配方3】麦麸70%，玉米粉18%，鱼粉6%，食糖4%，复合维生素0.8%，混合盐1.2%。

【配方4】纯麦粉80%，食糖7%，玉米粉10%，蜂王浆0.2%，复合维生素0.4%，饲用混合盐2.4%。

【配方5】麦麸75%，鱼粉4%，玉米粉15%，食糖4%，饲用复合维生素0.8%，混合盐1.2%。

【配方6】麦麸55%，土豆30%，胡萝卜13%，食糖2%。

【配方7】麸皮70%，玉米粉20%，芝麻饼9%，鱼骨粉1%。

【配方8】玉米粉100g，麦麸150g，豆粕15g，酵母15g。

【配方9】 花生麸70%，玉米粉13%，麦麸12%，食糖3%，复合维生素0.8%，混合盐1.2%。

【配方10】 花生麸80%，豆粕12%，鱼粉5%，食糖3%。

第三节　饲料的科学投喂

少量养殖黄粉虫时，对投喂工作也没有太多的讲究，只要是看到食物少了就及时添加就可以了，但是在规模化养殖时就要算经济账，毕竟规模化养殖是大批量投喂配合饲料，而且饲料的成本占所有养殖成本的70%以上，所以，作为养殖者就不能不算好这笔账了，这就涉及科学投喂的问题了。

一　规模化养殖必须采用配合饲料

在进行黄粉虫的饲料投喂时最好采用配合饲料，实践证明，在喂养中，使用配合饲料生长较快，喂单一饲料时生长较慢，还会导致品种退化。

二　采用多品种投喂

养殖中，不论是幼虫还是成虫，一定要给予两种以上饲料原料制成的配合饲料，不可单喂一种饲料，这样才能满足黄粉虫生长发育和繁殖所需要的各种营养物质，保证其正常生长发育和繁殖。在生产过程中，也不难发现，如果长期饲喂一种饲料，不论这种饲料营养有多高，也会导致黄粉虫发生厌食或少食、营养不良、恹懒少动、多病和死亡率增高等现象。最终的结果是导致黄粉虫得不到足够的营养物质，仅能维持生命，生长发育受阻，成虫产卵量明显减少或提前结束产卵，繁殖力下降，幼虫生长缓慢、体色变暗、个体变小或大小不均衡，影响产品质量。

⚠️【注意】 有的养殖户因长期单喂青菜，将黄粉虫养成了"菜青虫"，结果发生了大面积死亡现象。

三　投喂的差异性

不同的季节投喂时有一定的差异性，根据进食情况，一般在夏季高温时，是黄粉虫生产快速的季节，每天早晚喂食 1~2 次即可，每次投喂量要适当，以在第二次投喂时基本无剩余为宜。在夏季若是有充足的青饲料及瓜果皮等，只投干饲料也可。在冬天因温度低，黄粉虫吃食要少一些，消化能力也差一些，可三、五天投食一次。在冬季因温度低时食量少，也可单用麦麸喂养，或加适量玉米粉。因黄粉虫食性较杂，除了饲喂麦麸外，尚需补充蔬菜叶或瓜果皮，以及水分和维生素 C，但这时候的青菜不要投喂太多。

四 防止饲料污染

若在市场购买青菜饲料，为防止农药危害黄粉虫，一定要经清洗浸泡两个小时左右再投喂，虽然黄粉虫很少发生病害，但决不能投放发霉的物质。

——第六章——
黄粉虫的引种、育种与繁殖

第一节　黄粉虫的引种

一　黄粉虫引种的必要性

1. 黄粉虫种质退化的原因

有一个事实不能忽视，就是一旦养殖黄粉虫，基本上就是采用当时的种虫一代一代地往下繁殖，甚至多少代都是用的同一种源。黄粉虫在长期的人工养殖过程中，由于这种近亲繁殖、长期对温湿度不适、投喂饲料简单而且营养十分单一和养殖方法不当等原因，都会逐渐导致品种退化，这里面最主要的退化原因就是长期近亲繁殖。

2. 黄粉虫种质退化的表现

黄粉虫种质退化时，在各期的虫态上都有明显的表现：主要表现为虫体的抗病能力下降；幼虫表现为食欲下降，生长缓慢，个体较小，蜕皮后的增长倍数也减少；蛹表现为质量下降或提前化蛹，在化蛹期间容易腐烂、变黑、变坏，造成损失；成虫表现为活动能力下降，生命缩短，个体的产卵减少，群体的繁殖力降低；虫卵表现为卵的孵化率降低、孵化后的成活率不高或者是孵化后的畸形率增加等（彩图6-1）。

二　黄粉虫驯化与引种

黄粉虫在引种前，通常需要进行一定的驯化，让它适应当地的生态环境和气候条件等自然因素后，才能确保引种的成功。这是因为黄粉虫品种特性的形成，与自然条件存在十分密切的关系。各种虫态的黄粉虫群体，均具备自身一定的生长发育规律和特点。不同区域适应性的黄粉虫群体，若引种不当，则会造成死亡或生殖力下降。引种经验表明，有些类群在引种初期不太适应，经过几年以后就适应了，这就是所谓的驯化。总之，环境生态适应性相近的地区之间引种容易成功，环境生态适应性差别大的地区之间，也可以引种，但要经过适当的驯化，因此引种与驯化工作要密切配合。

三 虫种的引进与选择

在黄粉虫的养殖中，虫种品种的选择是非常重要的，这是因为长期以来，一些供种单位基本上是采取封闭式养殖的，他们提供的虫种有许多都是近亲交配、数代混合饲养，虫种已经出现严重的退化现象。根据了解，有的养殖户引进了不好的虫种，结果虫子养殖了一个夏季和一个秋季，个体仍然较小，总是不化蛹，这将会给养殖带来毁灭性的打击，所以说，在人工规模化养殖时一定要做好优质虫种的引进。

1. 引进虫种时的注意要点

引种时首先要确定引种目标，明确生产上存在的问题和对引种的要求，做到有的放矢，才能提高引种的效果；其次是必须了解原产地的生产条件，以及拟引进种的生物学性状和经济价值，便于在引种后采取适当措施，尽量满足引进种对生活环境条件的要求，从而达到商品虫高产、稳产的目的；再次就是了解供种单位的一些基本情况以及虫种的基本信息。

2. 老熟幼虫的特点

引种时最佳虫态是蛹期，3 个月以上的老熟幼虫食欲较差，在将要化蛹时，活跃的幼虫均分布在四周，而即将化蛹的都处于饲养箱的中央不动。此时的老熟幼虫对温、湿度要求相对不高，因此，在引种回去之后，应少加麦麸，以薄为好，勤喂勤观察，喂菜时，要把菜放在四周。

3. 引种前的准备工作

黄粉虫的繁殖肯定是在室内进行的，根据种虫的生长特点和生活习性，它对环境要求不高，因此旧仓库、厂房、地下室均可，但要求通风良好、安静，饲养前要对旧房进行消毒处理，以防敌害，主要是蛇、鼠、蚁的侵袭。

4. 种虫与商品虫的区别

种虫个体健壮，活动迅速，体态丰满，色泽光亮，大小基本均匀，成活率高。而商品虫个体明显瘦小，色泽乌暗，大小参差不齐，成活率低，产量达不到要求。

5. 引种时对"李鬼"的识别和防范

近几年来，由于黄粉虫、蝎子、蛙类等特种养殖业丰厚的利润回报，促进了特种养殖业在我国的蓬勃发展，但随之而来的"李鬼"，往往给一些渴望发财致富而又不懂技术的农民养殖户上了一堂生动的"假冒伪劣良种"坑人课，不但使广大养殖户深受其害，而且给黄粉虫养殖业的健康持续发展带来相当严重的负面影响。编者根据多年的生活生产经验，将当前存在的多种"李鬼"现象列出供大家参考。

> ➡ 【特别提示】 如果养殖户遇到"李鬼"，可立即向有关部门如消费者协会或相关职能部门投诉，索取赔偿，情节严重、损失惨重、影响恶劣的，可以诉至法庭，将"李鬼"绳之以法。

（1）假单位 一些个体投机者或某些行骗公司挂靠科研机构，往往租借某些县（市）科技大楼（厦）某层某间房屋做临时营业场所，其实与这些单位没有任何关系。他们大打各种招牌广告，如某某黄粉虫技术科技公司、某某黄粉虫养殖有限责任公司、某某黄粉虫繁育基地等，由于这些投机者一方面借"名"生财，租借政府部门的科技楼作为办公地点，更具有隐蔽性和欺骗性，往往给养殖户带来一种假象："那是政府办的，假不了！"这大大损坏了政府部门的形象，也大大伤害了农民兄弟的致富心情；另一方面，由于这些地方交通便利、易寻，因而上当的人特别多。其实，这些皮包公司根本没有黄粉虫的试验场地和养殖基地，仅租借几间办公室，几张办公桌，一部电话，故意摆些图片、画册、宣传材料来迷惑客户。一旦部分精明的客户或养殖户提出到现场（或养殖基地）参观访问或看生产设施，他们往往推诿时间太紧、人手太忙或养殖基地太远，不太方便，或者他们就带你东逛西逛到某一私人的黄粉虫养殖场，或者就带养殖户到这些与他们没有关系的地方指手画脚，东点点，西指指，说这是他们的科研部门，这是他们的场地，从而达到"拉虎皮做大旗"的目的，俨然他是这里的大老板，更有甚者，一旦进入他的势力范围，立马变脸，不放点血别想走人。

（2）假广告　这几年来，关于特种养殖业方面的广告及人体保健、性病方面的报纸广告泛滥成灾，是顽固的"牛皮癣"。这些广告形形色色，各地都有，主要来自湖北的武汉、湖南的湘潭、河南、浙江等部分"高新科技公司"的杰作，他们自编小报，到处邮寄，相当部分内容自吹自擂，言不由衷，水分极大。编者两年来共收到200多份广告报纸，有的内容一成不变，有的内容雷同，仅将题目或单位变一下，例如，有几家报纸同时刊登某著名人士为他们的题词，这些墨宝，一样的笔迹，一样的题名，同时留给了几个公司，岂非咄咄怪事！

这些虚假广告对一些朴实的老百姓来说还是有相当大诱惑力的，有些养殖户朋友轻信某些广告上的说辞，这些广告把黄粉虫养殖说成是没有任何风险、一本万利的最佳致富项目，而这些养殖户朋友往往怀着急于脱贫的心理，因此就会误入圈套。

（3）假品种　有不少不法商人为了牟取暴利，以次充好，利用养殖户求富心切，对特种养殖业的品种、质量认识不足且养殖水平较低的现象，趁机把劣质品种改名换姓为优良品种，或将商品虫充当苗种让养殖户引种，大肆出售且高价出售，给养殖户造成极大的经济损失。如相当一部分投机者将市场上商品黄粉虫回收，充当优质的种虫高价出售，坑害不知情的初养者。所以初养者最好到正规的、信誉好的企业引种，以免上当受骗。

（4）假技术　一般而言，这些"李鬼"是由几个人拼凑而成，或为进城打工的青年农民，或为部分"混混"，根本不懂专业技术，更谈不上专业人才及优秀的大学毕业生作为技术后盾，不可能提供实用的养殖技术，他的技术资料纯粹是从各类专业杂志上拼凑或书籍上摘抄的，胡吹乱侃，胡编乱造，目的是倒种卖种，高价炒作苗种。

第六章
黄粉虫的引种、育种与繁殖

（5）**假合同**　也就是存在合同欺诈行为，这些坑人单位为了达到卖种虫的目的，还会伴装和你签产品回收的合同，这些表面看来确有赚头，可是合同中早已埋下"地雷"，主要一条就是将回收条件订得十分苛刻，价格压得极低，养殖户朋友很难达到这种产品的要求，因此可以这样说，这种合同就是一纸空文，对坑人单位没有任何约束力，但对养殖户朋友而言，却被视为可望而不可即的水中月、镜中花而已。

（6）**假回收**　根据本人的了解，一些不法商人和不法企业利用广大养殖户想养殖黄粉虫来获取高利润的心理，并允以产品回收的幌子来坑害、蒙骗养殖户。这些单位和个人十分了解黄粉虫养殖的周期，通常在产品回收的周期即将到来之前，会突然消失，或者往往还未到回收期，那些公司就携款而逃，他们会改头换面在另一个地方重新做广告，重新坑人，而受骗的养殖户往往有冤无处诉。

（7）**假效益**　一些小报为了扩大影响，利用农民急需致富的心理，用高利润吊起养殖户发财的胃口，大打算盘账，甚至算出"养殖1000对种虫就可以收益20万元"的闹剧。

（8）**积极防范**　针对以上的情况，编者郑重向养殖户朋友友情提示，天上没有永赚不赔的买卖，要充分考虑黄粉虫养殖的风险。

1）政府部位要加强自律。部分机关不能过分地强调小单位的经济利益，尤其是现在许多乡镇农技机构经过多次改制后，自主经营、自负盈亏的经营方式有时让他们对这些蝇头小利趋之若鹜，他们除了经营农资农具外，还被那些打着"为民服务、技术服务"的骗子所利用，结果骗子们利用了朴实的老百姓对政府科技部门和农技部门的信任，大肆行骗。因此这些农技部位一定要认清他们的真面目，除了真正为老百姓提供有用的信息，有价值的新产品、新技术外，还要加强自身的学习，减少被利用的机会。

2）执法部位要加大打击力。相关执法部门一定要加大对这些坑农、害农的骗子的打击力度，让他们成为过街老鼠，无处藏身，他们也就无法再有立足之地，也就无法欺骗那些质朴的老百姓了。

3）在引种时要提高警惕。农民兄弟们在遇到"快发财、发大财"的信息时，要保持清醒的头脑，冷静分析，切莫轻信"李鬼"

一面之词，应到相关职能部门深入了解，多向科技人员请教，把心中的疑问尤其是种苗的来源、成品的销售、养殖关键技术等问题向科技人员请教，特别注意要对信息中的那些夸大数字进行科学甄别。然后根据科技人员的意见，做出正确的规划方案，切实可行再引种不迟。签订合同前，进行必要的调查和咨询，了解经营者的真实情况，拜访以前成功的养殖者，向当地权威部门查询其可行性。

4）要加强维权意识。农民兄弟在购买种苗时一定要注意苗种的鉴别，防止以次充好，以假乱真；在选择供种单位的应谨慎行事，到熟悉的单位引种，同时向供种单位索要并保留各种原始材料，如宣传材料、发票、相关证书及其他相关说明。合同签订后，最好到当地公证部门进行公证。一旦发现上当受骗，自身合法权益受到侵害时，要立即向相关部门举报，依法维护自己的权益。

6. 优良虫种的标准

根据一些专家长期研究的结果和生产实践中的经验，总结了优良虫种的标准主要有以下几条：

1）虫体个体大，要比一般幼虫的个头大一点，在数字量化方面，要求达到每千克 3500～4000 只。

2）虫种的生命力要强，这是决定将来产卵量多少的基本要求，在投喂时要求不挑食，爬行快速，运行活跃，黑暗的养殖环境中不停地活动，如果把虫子放在手心时，会迅速爬动，它们的爬动会让人感到手心有明显的痒痒的感觉。

3）虫种的形体健壮，色泽金黄，体表发亮、充实饱满，体壁光滑有弹性，腹面白色明显，在优质后代中选择更优质的老熟幼虫，即可避免种虫退化（彩图6-2）。

4）虫种的规格要大，个头要大，通常作为种虫的黄粉虫要求它们的体长在3cm以上，具有生长速度快的优势，总体看它们的群体大小要一致、发育要整齐。

5）群体的雌雄比例为1：1较为合适。

6）考察它们群体以前的繁殖量，如果每代繁殖量在 280 倍左右即为一等虫种，也是养殖户优先选择的虫种。如果每代繁殖量在 220 倍左右，即为二等虫种，对引种的养殖户而言，这也是不错的选择。

如果每代繁殖量在120倍左右，即为三等虫种，对引种的养殖户而言，选上这些虫种，只能是无奈的选择，但如果引种回去加以淘汰、提纯复壮，效果还可以。如果每代繁殖量在90倍以下，就算是不合格虫种，对引种的养殖户而言，这是绝对不能接受的。

7）观察它们的化蛹率，好的虫种产出的卵，经一定时间养殖后，在一个世代中，它们的化蛹病残率应低于5%，羽化病残率应低于8%。

7. 优质虫种介绍

在饲养生产的初始阶段，应直接选择专业化培育的优质品种，例如，山东农业大学昆虫研究所已经培育出GH-1、GH-2、HH-1等几个品种，这是他们长期研究、提纯、复壮和杂交选育的成果，分别适宜于不同地区及饲料主料，可选择利用。

第二节　黄粉虫的育种方案

一　黄粉虫良种选育的概念

对于刚刚从事黄粉虫养殖的人来说，良种的来源是个大问题，有不少有志于黄粉虫养殖的人往往是从花鸟鱼虫市场上购买一些现成的黄粉虫作为种虫，殊不知，目前这些在市场上流通的黄粉虫种虫大多数是多年来同一群种虫已繁殖过数十代的后代，由于多次的近亲繁育，导致大多数种虫已有明显的退化现象，例如，虫子的个体小，生长期延长，就是不化蛹，亲本黄粉虫的繁殖量低，而且易患病，死亡率很高，养殖户买回去想快速繁育扩大种群的愿望往往就会落空。有的养殖户买了幼虫后回家养了近一年，个体依然很小，也不化蛹，有的可以化蛹，但是繁殖的后代质量极差，常出现残疾个体。

而对于那些长期从事黄粉虫养殖的人来说，也常常为种质资源的事头疼不已，由于得不到优质的、新鲜的种群供应，他们养殖的黄粉虫产量也越来越低，大规格的种虫比例也越来越差，经济效益当然也越来越差，因此如何及时对黄粉虫进行更新换代就成为制约养殖进一步快速发展的瓶颈。

为了确保黄粉虫养殖业的持续健康发展，一定要注意品种的更新，如同其他养殖业一样需要选种和育种，这种选种和育种，就统称为良种选育。

二　黄粉虫的选种

1. 选种的概念

顾名思义，选种就是选择良种的意思，又称为系统育种、选择育种。它是对一个原始材料或品种群体实行有目的、有计划地反复选择淘汰，从而分离出几个有差异的系统。将这样的系统与原始材料或品种比较，使一些经济性状表现显著优良而又稳定，于是形成新的品种。选择育种是黄粉虫育种工作中最根本的方法之一，选择育种的依据是品种纯度的相对性和利用原始材料或品种群体中的遗传变异性（图 6-1）。

图 6-1　黄粉虫的选种

2. 选种的作用

选择育种的作用主要有三点：首先是可以有效地控制变异的发展方向；其次是可以促进变异的积累加强；再次是可以创造出黄粉虫新的品质，从而成为最有特殊养殖价值的一个新品种。

3. 选择育种的原则

选择育种的主要目的是从某一原始材料或某一品种群体中选出

最优良的个体或类型。在选择时要通过鉴定比较和分析研究，同时应掌握以下几个原则：一要选择适当的原始材料，这是进行选择育种的基础；二是要及时在关键的时期进行选择，这是确保选择育种成功的最重要一步；三是按照主要性状和综合性状进行选择。

4. 选择育种的方法

选择育种的方法主要有四种：

1）家系选择。根据某个性状或某几个性状明显优于其亲属生产性能、显著高于其亲属的混有不同类型的原始群里选出一些优良个体留种，建立几个或若干个家系并繁殖后代，逐代与原始群体及对照品种相比较，选留那些符合原定选择指标的优良系统，进而参加品系的产量测定，这个过程就叫作家系选择，家系选择实际上就是对黄粉虫优良基因型的选择。

2）亲本选择。又称后裔鉴定，它是根据后代的质量而对其亲本做出评价的个体选择方法。根据后裔鉴定结果决定对其亲本的取舍，由于它对质量和数量性状的选择较为有效，因此被广泛应用而且效果显著，它最大的优点是能够决定一个显性表型个体是纯合体还是杂合体，这对黄粉虫的选择育种是至关重要的。

3）混合选择。它是指从一个原有品种的群体中，按照选育目标选出的多数表型优的个体，通过自由交配来繁殖后代，并以原有品种和当地当家品种作为对照，进行比较、鉴定，这种方法就叫作混合选择，又叫集体选择。它的效果取决于所选择性状的遗传力及控制该性状的基因特点。

4）综合选择。这是一种可连续地进行家系选育、混合选择和后裔鉴定的方法。它的具体方法是在第一阶段时建立几个家系，进行异质型非亲缘的亲鱼间杂交，从而选出最好的家系；第二阶段主要是在2～3个较好的家系中进行再次选择；第三阶段是根据所选择后进行繁育的后代的表现来检验并鉴定黄粉虫的亲本。

5. 黄粉虫的选种技巧

在养殖黄粉虫的过程中，可在众多的养殖群体中选择比较好的个体，进行单独养殖、单独培育，然后专门留下来做种用，这是目前黄粉虫良种的一个主要来源。选种的标准一般为个体较大，色泽鲜亮，健康无病，活动能力强的个体。一旦选中并作为优良的种子来培育时，这些种虫应从幼虫期加强营养和管理，提高它们的增长倍数和身体素质，特别在成虫期，可以考虑配制专门用于选育的饲料，在饲料中可添加蜂王浆等可刺激繁殖产卵的添加剂，在投饵时勤喂蔬菜，适当增加复合维生素，维持适合黄粉虫生长发育的最佳的环境温度、湿度，保持适宜的密度，经常清理虫粪，经过这些技术措施也能提高黄粉虫虫种的质量和增加产卵量。

> ⚠ 【注意】 现在市场上有许多炒种子的广告，那些广告商或供种公司都宣称自己拥有选育的新品种，实际上就是从一些黄粉虫里选择良种的结果，根本很少有所谓的新品种，养殖者在购种时要注意鉴别这一点。

6. 黄粉虫的定向选择

定向选择是许多养殖户在进行培养黄粉虫新品种的最早、最基本的方法，但是目前好像并没有取得更大的进展，可能是与相关的技术瓶颈有关。定向选择有人工定向选择和自然定向选择两种，它的本质是让最有养殖价值的黄粉虫存活，并繁殖后代，是先有目标，再根据目标来选择。黄粉虫的"定向选择"指的就是"人工定向选择"，其特点有两个：其一要求饲养者细心观察，捕捉黄粉虫的极微小变异；其二为持续性，即年复一年不断地选择，使黄粉虫达到目标特征，从好中选优，最后育成新种。

三 黄粉虫的育种

1. 自然种群复壮

自然种群复壮和黄粉虫的选种有相同之处，区别就是黄粉虫的选育是在自己养殖的群体里进行，而以自然种群复壮的方式进行育种则是需要捕捉在自然界中的天然黄粉虫，先进行单独饲养繁殖，然后再与人工养殖的种群混合繁殖，通过这种方法来减少种性退化现象。由于野生黄粉虫往往生命力强，对外界不良环境的适应能力强，自身的抗病力也强，当它与家养的黄粉虫种群交配后，可以有效地提高现有种群的质量，从而达到种群提纯复壮的目的。有时出于条件的限制，自然环境下的黄粉虫数量不足以来选育后代时，也可以采用异地的黄粉虫和家养的黄粉虫进行交配来选育。在用异地同种的黄粉虫进行种群优化时，主要是选取个体大、产卵多、疾病少、色泽黄亮和健康活泼的老熟幼虫进行杂交育种，这样也能使不同地域的黄粉虫优势互补，得到个大、高产和抗病力强的优良后代。

2. 黄粉虫的杂交育种

杂交育种就是用黄粉虫与黑粉虫进行杂交，产生的杂交一代杂种可产生正常的子二代。在杂交时，对亲本的选择是有讲究的，在选择时要挑选健康强壮的黄粉虫亲本和黑粉虫优势个体做亲本，两者交配时通过基因重组使杂交后代得到互补。由于黄粉虫具有生长快、繁殖系数高、蛋白质含量高等特点，而黑粉虫有生长周期长、饲养成本高、营养成分比较全面等特点，将黄粉虫与黑粉虫进行杂交育种后，就可得到优势互补的功效，能使黄粉虫杂交品种生命力强，生长发育较快，繁殖率高，商品虫的营养更加丰富，但杂交种生长期较长。杂交育种是一项复杂的技术问题，需要在长期养殖过程中逐步进行。由于黑粉虫养殖不普遍，所以大多数黄粉虫养殖户主要采取第一种提纯复壮的方法来选育优良品种。

四　黄粉虫与黑粉虫杂交

为了取得更好的杂交品种，通常是采用黄粉虫与黑粉虫杂交，但是不同的杂交方法，产生的后代还是有一定区别的，这就要求在选育时要把握好亲本雌雄的选择以及杂交的方法。

用黄粉虫做父本与黑粉虫做母本进行杂交和用黄粉虫做母本与黑粉虫做父本进行杂交，两者的后代是有一定区别的，据研究和生产实践表明，它们在杂交2个月后，杂交后代会表现出一定的性状分离，这种性状分离可以从外部形态上来观察。如果是以黑粉虫做母本，黄粉虫做父本时，杂交出来的后代中黑粉虫的比例偏大，个体性状表现大多接近于黑粉虫的性状特征。而以黄粉虫做母本，黑粉虫做父本时，杂交后代中黄粉虫的比例偏大，个体性状表现大多接近于黄粉虫的性状特征。通俗地说，黄粉虫的杂交后代体现了"母系氏族"的特点，也就是常说的孩子像妈妈的情况。

杂交后的黄粉虫个体在生长性能上表现显著，具有生长较快、个体较大的特征，与正常个体有显著差异，仅仅这一点就具有了杂交优势，是值得进一步选育和培养的。另外，杂交后的蛹个体也比以前的蛹显得较大，在幼虫期表现为杂交种养殖时间短、化蛹较早，蛹体更宽，而且成虫的性状表现介于黄粉虫和黑粉虫之间，鞘翅的颜色不是很黑，近于褐色，亮度和色泽适中。

第三节　黄粉虫的繁殖

一　繁殖设施

黄粉虫的繁殖设施很简单，主要是产卵筛，供成虫养殖和采卵用，同时又是分离虫卵、虫体及饵料的工具。产卵筛的筛框为 $50cm \times 50cm \times 10cm$。框内壁要磨光滑，以防虫外爬。筛底部钉 30 目铁纱网，网下缘钉上 0.3cm 的方木条，贴上稍厚的产卵纸。产卵筛上口大、下口小，以使两筛上下扣接，便于多层饲养。最上层产卵筛口盖上 30 目铁纱网，以防虫外逃和筛除虫粪用。

饲养架和养虫架也是必不可少的，为分层框架，主要是用来放置产卵筛的。黄粉虫产卵时，是在产卵筛里进行，雌虫将特尖的尾部产卵器官向下并对准网目将卵产在接卵纸上，产卵器具上层为产卵筛，中层为接卵纸，底层为产卵筛外套。

> ● 【提示】　黄粉虫喜欢在暗处产卵，不要让强烈的光线刺激它，以利生长繁殖。因此，要把产卵器具放在光线暗的地方，或用黑布遮挡，或放入暗室。

二　雌雄鉴别

黄粉虫雌雄区分也很简单，主要是看两点，一是个体大小，二是看产卵器。根据解剖观察发现，雄虫个体较小，细长，尾部无产卵器。雌虫个体较肥大，尾部很尖细，有产卵器，且向下垂，能伸出甲壳外，此时在生理上已经成熟，可进入繁殖期。

三 繁殖要点

1. 亲本养殖

优良品种的繁殖应与生产商品虫的养殖分开，饲养亲本的任务是使成虫产下大量的虫卵，在此期间需要补充较好的营养，提供一个黑暗而宽松的环境，种群密度不宜过大。将成虫同日羽化的单养在产卵箱里，产卵箱的规格长、宽、高分别为60cm、40cm、15cm，按每箱投放1500～1800只成虫的密度放养，产卵箱内壁要用塑料薄膜钉好，以免成虫外爬和产卵不定位，在底层装一块塑料窗纱或筛绢，供产卵用。使卵及时漏下去，不至于被成虫吃掉，纱网下面接一张接卵纸，以便于集中收集卵粒。在成虫饲养过程中，要多投喂麸皮、配合饲料及菜叶，使成虫分散隐蔽在叶子下面，保持较稳定的温度。然后再按照温度和湿度盖上白菜，如果温度高、湿度低时多盖一些，蔬菜主要是提供水分和增加维生素，随吃随加，不可过量，以免湿度过大菜叶腐烂，致使成虫容易生病，降低产卵量。优良品种的成虫饲料应营养丰富，蛋白质、维生素和无机盐要充足，必要时可加入蜂王浆。饲料含水量控制在10%左右，成虫在生长期间不断进食不断产卵，所以每天要投料1～2次。为保持湿度和饲料含水量，还可适量洒水和投放菜叶（图6-2）。

图6-2　黄粉虫的繁殖

2. 交配

黄粉虫在繁殖期雌雄比例一般为1:1，成虫羽化后经过4~5天开始交配产卵，具有多次交配、多次产卵行为，交尾后1~2个月内是产卵高峰期，黄粉虫交配时间是下午8：00~凌晨2：00，交配过程遇光刺激往往会受惊吓而终止。所以在养殖过程中，为了配合即将交配的成虫，在成虫期应安排一定的黑暗环境，同时要减少外界对成虫的干扰。根据观察，并不是所有的成虫都在养殖后能交配成功，因为它们交配时对温度也有要求，当温度在20℃以下或达到32℃以上时就很少交配，在人工控制条件下，合适的交配温度宜控制在22~30℃。

3. 产卵与收卵

成虫有向下产卵的习性，产卵时伸出产卵管穿过铁纱网孔，将卵产在基质（麦麸等）中。因此，产卵盒内的产卵基质不可太厚而贴近筛网，否则成虫会将卵产到网上的麦麸中，发生食卵现象而影响繁殖。刚产出的虫卵为米白晶莹色，椭圆形，一面略扁平，有光泽。为了减少卵的损失，可以在产卵前用接卵纸（报纸、白纸均可）上面铺一薄层基质，放在筛网下接成虫所产的卵，这样成虫就会将绝大部分卵产于接卵纸上，少量卵黏于饲料中，可最大限度地预防成虫吃卵。

在这段时间里要及时取出接卵纸，并换上新的接卵纸，一般7天左右更换一次，但在成虫产卵盛期或产卵适温季节接卵纸最好每5天更换一次。先筛出残料，接着换上新的接卵纸，最后再添加麦麸等产卵基质。将虫粪和黏于其中的卵连同更换下的接卵纸移入空养虫箱中，标好产卵日期，把同一天取出的卵粒，放在一起进行孵化后饲养，以免所孵出的幼虫大小不一，影响商品虫的质量与价格。

还有一种收卵方式，就是用标准饲养盘来收卵。这种收卵的方式就是用饲养器具中的标准饲养盘，在饲养盘的底部垫上一张白纸，上铺0.5~1.0cm厚饲料，每盒中投放6000只（3000雌：3000雄）成虫，成虫就可以将卵均匀产于纸上，虫卵一般群集成团状散于饲料中，卵壳较脆，极易破碎，卵面被黏液沾着的饲料或粪沙等杂物包裹起来，起到保护作用。每张纸上2天即可产10000~15000粒卵，每隔 2 天取出一次，然后按日期将它们放在一起孵化。这种收卵方式有一个缺点，就是会有部分卵散落于饲料中，造成一定的损失。

4. 产卵后的成虫处理

成虫产卵 2 个月后，雌虫会逐渐因衰老而死亡，未死亡的雌虫产卵量也显著下降，因而饲养 2 个月后就要把成虫全部淘汰，以免浪费饲料和占用产卵箱，提高生产效益，方法是将成虫用沸水烫死，烘干供制虫粉用。每箱可采黄粉虫卵 1.8 万 ~ 2.2 万粒，约可供扩种 100 箱的虫种。

5. 孵化

将收集好的卵纸放到另一个标准饲养盘中，做成孵化盘。先在标准饲养盘底部铺设一层报纸、纸巾、包装用纸等废旧纸张，在纸上面覆盖 0.5 ~ 1cm 厚的麸皮作为基质，然后在基质上放置第一张集卵纸；在第一张集卵纸上，再覆盖 0.5 ~ 1cm 厚基质，中间加置 3 ~ 4 根短支撑棍，上面放置第二张集卵纸；如此反复，每盘中放置 4 ~ 5 张集卵纸，不可叠放过重，以防压坏集卵纸上的卵粒，共计 40000 ~ 50000 粒卵。然后将孵化盘置于孵化箱中或置于温湿度条件适宜卵孵化的环境中，将要孵化时卵逐渐变为黄白色，长 1 ~ 1.5mm、宽 0.3 ~ 0.5mm，肉眼一般难以观察，需用放大镜才能清楚地看到。1 周后取出，进入幼虫培养阶段。

研究表明，卵的孵化与温度和湿度有极大的关系。所以说繁殖期是管理的重要时期，卵的孵化时间与温度有着密切的关系，一般随温度的升高，卵期缩短，温度降低则延迟孵化，温度如果在 15℃ 以下，虫卵基本不会孵化；在 15 ~ 18℃ 时，需 20 ~ 25 天便可孵出；当温度为 19 ~ 22℃ 时，卵期为 12 ~ 20 天；温度为 25 ~ 30℃、湿度为 65% ~ 75%、麦麸湿度 15% 左右时，只需 3 ~ 5 天即可孵出，刚孵化的乳白色幼虫十分细软，尽量不要用手触动，以免使其受到伤害。为了缩短孵化时间，应尽可能保持室内温暖。如果温度控制不好，就会导致虫卵发霉而死亡，湿度过小也会因干燥而死亡。因此，产卵期间将室温控制在 23 ~ 28℃，相对湿度 65% ~ 75%，虫卵的孵化率可达 99%。

——第七章——
黄粉虫的病害防治

在自然界中，黄粉虫的生命力是比较强的，但只要是有生命的物种，就会患某些疾病，黄粉虫也不例外，它也会生病。

养殖黄粉虫的目的有很多，主要是为人们提供养殖其他经济动物的鲜活饵料，当然也有其他重要的食用价值、工业价值、教学研究价值等，如果在养殖过程中发生这样那样的疾病，甚至经常看到死的或病的虫子，总是一件非常不愉快的事情。因此养殖中要尽可能地减少黄粉虫疾病的发生，降低损失。

第一节　黄粉虫病害发生的原因

黄粉虫个头虽小，但是生起病来却毫不含糊，这是因为黄粉虫是完全变态的昆虫，一生是以多种虫态出现的，不同虫态期的管理、投喂、环境变化、自身器官变化等，只要有任何一个环节照顾不到，就有可能发生疾病。

为了较好掌握黄粉虫的发病规律和防止虫病的发生，必须了解发病的病因。黄粉虫发生疾病的原因可以从内在因素和外部因素两个方面进行分析，因为任何疾病的发生都是由于机体所处的外部因素与机体的内在因素共同作用的结果。在查找病源时，不应只考虑某一个因素，应该把外部因素和内在因素联系起来加以考虑，才能正确找出发病的原因。诱发黄粉虫生病的因素有很多，主要有以下几种：

一 致病生物

常见的黄粉虫疾病多数是由于各种致病的生物传染或侵袭到虫体而引起的，这些致病生物称为病原体。能引起黄粉虫疾病的病原体主要包括真菌、病毒、细菌、原生动物等，这些病原体是影响虫子健康的罪魁祸首，也是引起黄粉虫生病的主要诱因。在这些病原体中，有些个体很小，需要将它们放大几百倍甚至几万倍才能看见，疾病专家称它们为微生物，如病毒、细菌、真菌等。由于这些微生物引起的疾病具有强烈的传染性，所以又被称为传染性疾病。有些病原体的个体较大，如螨虫、甲壳动物等，统称为寄生虫，由寄生虫引起的疾病又被称为侵袭性疾病或寄生虫病。

二 自身因素

黄粉虫自身因素的好坏是抵御外来病原菌的重要因素，一条自身健康的虫子能有效地预防部分疾病的发生。

黄粉虫体内有整套防病抗病的体系，这个体系称为免疫系统，它专门消灭入侵体内的病菌和病毒等。虫子对外界疾病的反应能力及抵抗能力随虫龄、不同虫态、身体健康状况、营养、大小、环境等的改变而有所不同。例如，有的病是幼虫阶段常见的流行病，而随着虫子的增长或虫态的变态，它的抵抗力增强，就不会引起这些疾病的产生。另外，黄粉虫的皮肤也是虫子抵抗寄生物侵袭的重要屏障。健康的黄粉虫或体表不受损伤的黄粉虫，病原体就无法进入，有些病就不会发生。而当虫体一旦不小心受伤，病原体就会乘虚而入，导致各类疾病的发生。

另外由于长期近亲交配繁殖，可能会造成黄粉虫的本身生理遗传或代谢的缺陷，例如，由遗传性肿瘤、不育基因的突变、内分泌失调等而产生的一系列病害。

三 环境因素

影响黄粉虫生病的环境因素主要有湿度和温度。黄粉虫是变温动物，气温的变化直接影响虫子的生长发育、繁殖及代谢活动，当温度变化幅度过大时，黄粉虫的捕食量就会明显减少，造成体质下降，一旦病原体侵袭，就会使黄粉虫的身体发生病理反应，导致抵抗力降低而患病。

湿度也与虫病的发生有一定的关系，如果湿度太大，各种真菌、寄生虫及一些胃肠道传染病的病菌就会大量繁殖，它们能通过皮肤及消化道入侵，使皮肤发霉，甚至会导致蜱螨寄生，同时发生腹泻等疾病。

四 人为因素

1. 从外部带入病原体

主要表现为养殖器具、饲养房、使用工具等，由于消毒、清洁工作不彻底，可能带入病原体。

2. 饲喂不当

饲喂不当也可能让黄粉虫患上疾病，在人工养殖黄粉虫时，全靠人工投喂饲养，如果投喂不当，投食不清洁饲料，或饥或饱及长期投喂一种饲饵，这样会导致黄粉虫缺乏营养，造成体质衰弱，容易感染患病。

3. 药物中毒

饲养房等用药物进行消毒时，由于浓度不合理，消毒方法不合适，也会给虫子带来毒害，这种伤害有时是直接的，表现出黄粉虫会在短时间内中毒死亡，而有的伤害则是间接的，表现在受到毒害后有部分残存下来的个体会对疾病缺乏抵御能力。

4. 消毒不够

有的时候，对饲养池、饲养房、食场、食物、工具等进行消毒处理，但由于种种原因，或是用药浓度太低，或是消毒时间太短，导致消毒不够，这种无意间的疏忽有时也会使黄粉虫的发病率大大增加。

5. 管理不善

饲养箱中的死虫、粪沙没有及时清除，就会腐烂变质，影响正常黄粉虫的生长发育，人为地加速疾病的传染。

黄粉虫疾病的发生甚至暴发，主要取决于以上五个因素，尤其是病原体、黄粉虫自身和环境之间的相互作用。如果黄粉虫身体健壮，本身对外界环境有较强的适应能力，对环境的变化有较强的抵抗能力，那么它就不容易生病，甚至在疾病传染时，只要启动自身的防卫保护能力也可以躲过一劫；另外，如果对黄粉虫的养殖环境经常清扫、消毒，减少病菌生存的条件，确保养殖环境条件好而且将温度、湿度、光照控制在适宜黄粉虫生长发育的范围内，即使致病力强或感染性强的病原体也是无法让黄粉虫感染疾病的。

第二节　黄粉虫病害的防治原则和预防措施

一　疾病的防治原则

人工饲养黄粉虫，成本还是比较高的，一旦患病死亡尤其是大量传染性的疾病发生，损失是比较大的。为了尽量减少疾病造成的损失，必须采取相应的科学防治措施，在采取措施之前必须先了解基本的防治原则。经过总结，防治原则应包括以下几点：

1. 防重于治、防治兼施的原则

在经济动物养殖上有一句对疾病预防的法则，就是"无病早防、有病早治、以防为主、防重于治、防治兼施"，这是人们在长期的养殖实践中总结出来的法宝，对于黄粉虫的养殖来说，这个原则更要坚持。因为对于黄粉虫来说，它的个体小，饲养密度大，在早期有个别虫子发生疾病是不易被发现的，一旦发病，想要做到每次都药到病除也是不现实的，因此，对黄粉虫的疾病主要依靠预防。可以这样说，防重于治是防治黄粉虫疾病的第一原则。

现在对于黄粉虫疾病的一般治疗方法就是把药物拌和在饲料中，让虫子自由采食，这对于刚刚生病而且还处于能摄食的黄粉虫来说，还是有效的，但是对于那些病情稍重，已不再摄食的黄粉虫来说，即使有特效药也无力回天了，因此只有做好预防工作才是最重要的。

2. 强化饲养管理、控制疾病传播的原则

黄粉虫的部分疾病在发生前有一定的预兆，只要平时细心观察，及时发现并及早处理，是可以把疾病造成的损失控制在最小范围内的。

3. 对症下药、按需治疗的原则

在防治虫病时，首先要认真进行检疫，对病虫做出正确诊断，针对黄粉虫所患的疾病，确定使用药物及施药方法、剂量，才能发挥药物的作用，收到药到病除的效果。否则，如果随意用药，不但达不到防治效果，浪费了大量人力、物力，更严重的是可能耽误了病情，致使疾病加剧，造成巨大损失。目前对黄粉虫的疾病治疗最有效的办法还是口服预防，由于虫体太小，人工填喂药物是不可能的，主要是将药物添加在饲料里，再投喂给黄粉虫吃。另外可以考虑用药液喷洒虫子体表进行治疗，这种治疗方法一方面还处于试验阶段，并没有完全成熟的技术，另一方面即使可行，也只能对一些体表疾病主要是寄生虫疾病有效，而对于那些肠胃、消化道、呼吸道等方面的疾病基本上是无能为力的。

4. 按规定的疗程和剂量用药的原则

药物既可以用来防治黄粉虫的疾病，同时对虫子也是有毒害作用的，尤其是超量用药或不规范用药更会对黄粉虫造成毒害。所以，必须严格掌握药物的使用剂量。如果用药量过大，就有可能由于其毒性过大而影响黄粉虫的正常生理机能，甚至造成虫子中毒死亡；而用药量过小，又起不到防治疾病的作用。

二 疾病的预防措施

在人工养殖黄粉虫时，虽然黄粉虫生活在人为调控的小环境里，养殖人员的专业水平一般也较高，可控性及可操作性也强，有利于及时采取有效的防治措施，但是由于黄粉虫的个体不大，发病的早期症状不易被察觉，一旦生病，由于饲养密度大，不但传染快，而且难以用药治疗，死亡率高，尤其是传染性疾病在治愈后都要或多或少地死掉一部分，给养殖者造成经济和思想上的负担。因此对虫病的治疗应遵循"预防为主，治疗为辅"的原则，按照"无病先防、有病早治、防治兼施、防重于治"的原理，加强管理，防患于未然，只有这样才能防止或减少黄粉虫因死亡而造成的损失。

1. 改善养殖环境

养殖环境主要是指养殖黄粉虫的饲养房、饲养盘和周围的环境等。首先是要选择合适的场地，远离污染源和噪声源，减少对黄粉虫的应激反应。其次要对这些环境进行定期的消毒，并根据黄粉虫的生活习性，人为地模拟最适合它的环境，促进虫子的健康生长。如温度在 25～30℃，控制昼夜温差在 5℃ 以内，湿度在 65%～70%，而且通风良好，室内空气新鲜，四周洁净优美，使黄粉虫生活得舒适安宁，这样，虫子本身的抗病力自然会提高，同时使病原体无立足之地，当然会起到预防疾病的作用。

2. 严格做好虫子的检疫

在黄粉虫进行交流运输时，客观上使虫子携带病原体到处传播，在新的地区遇到新的寄主就会造成新的疾病流行，因此一定要做好黄粉虫的检验检疫措施，将部分疾病拒之门外，从根本上切断传染源，这是预防黄粉虫疾病的根本手段之一。

3. 做好消毒工作

消毒的目的是消灭饲养房、虫体、用具等上存在的病原体。

1）做好黄粉虫虫体的消毒，即使是健康的黄粉虫，也难免带有某些病原体，当条件适合时，它们会趁机大量繁殖，引起疾病。因此，必须先进行消毒，杀灭附在虫体上的病原体。

2）对使用工具进行消毒，饲养场内的各种养殖用具和饲养箱、饲养盘等工具往往是虫病传播的媒介，应在消毒后使用，可以防止病原体的传播。消毒的方法是在阳光下暴晒和用药物消毒两种。

4. 药物预防

对黄粉虫的疾病可定期进行药物预防，往往能收到事半功倍的效果，主要是通过体内投喂药饵的方法，对那些无病或病情稍轻的虫子能起到极好的预防或防治作用，先将药饵拌在饲料里，然后喂给黄粉虫吃下，就能起到应尽的作用了。

5. 注意科学投喂

在人工养殖黄粉虫时，饲养管理不当也是导致黄粉虫发病率高的重要原因之一，所以一定要注意投喂食物的总体营养水平，只有投喂优质的、营养丰富的饲料，才能使虫子得到生长繁殖所需要的全面营养物质，才能增加黄粉虫本身的防御抗病能力，减少虫病的发生。

> 💧 【提示】 生产实践已经证明，麦麸是饲养黄粉虫最主要的也是最常用的饲料，但是如果长期饲喂单一的麦麸饲料，则对规模化养殖黄粉虫来说，并不是最理想的。在这种情况下，黄粉虫的幼虫会出现生长速度相对缓慢，个体发育进程也减慢，蜕皮时间也拉长，蜕皮后的增长率也降低，而且发生疾病的概率也加大的现象；而成虫则出现产卵率明显降低，畸形卵的发生率也提高，因此，在投喂时必须讲究科学投喂，使用优质的配合饲料，同时注意及时添加维生素和微量元素，加喂适量的青饲料，减少"病从口入"的机会。

6. 加强日常管理

俗话说"三分养殖，七分管理"，说明管理对于养殖活动是非常重要的，黄粉虫的养殖也是如此。

1）建立每日检查制度，发现有进食不正常、不愿活动、粪便异常等现象的黄粉虫，要及时隔离观察，尽快给予治疗，慎防传染给其他健康的虫子。

2）做好科学养殖、科学管理，对于一些基本的养殖技能要加强管理，例如，合理的放养密度、不同虫态的严格分群饲养、同一虫态的不同大小个体也要及时分养等，只要管理到位，都可以在一定程度上减少疾病的发生机会。

3）加强优良品种的选育工作，积极选育优良的品种，对于那些没有养殖效益的老弱虫子要及时淘汰，从而提高黄粉虫整体的抗病能力，减少疾病的发生机会。

4）做好日常消毒工作，减少外来病源菌的侵袭。

第三节　黄粉虫的疾病与防治

黄粉虫抗病能力强，一般不会患上疾病，但是如果管理不当或环境突变时也会发生疾病，以干枯病、软腐病较为常见。

一 黄粉虫生病的判断

黄粉虫在养殖过程中，如果生病了，会有一些表现，只要养殖者平时多观察，还是不难发现这些症状的。

1. 从黄粉虫的异常表现上来判断

在养殖过程中，如果出现一些发育迟缓或者是个头较小等生长发育异常；出现体色或体形的异常改变；出现生殖、蜕皮、排泄、摄食等行为异常；虫体出现异常的气味；黄粉虫不能顺利进入下一个虫期，如幼虫体由幼龄过渡到中龄或大龄，黄粉虫也不能顺利进入下一虫态，也就是不能正常完成变态发育，一旦发生这些症状，基本上就可以判断它已经生病了。

2. 从黄粉虫的活动上来判断

在饲养过程中，健康的黄粉虫行动非常敏捷，遇到外界干扰时，躲避能力很强，具体表现在：成虫在行动时风风火火，呈现出急急忙忙、慌慌张张的样子；幼虫食欲旺盛，爬行较快，总喜欢在容器的边上，想爬出去。而一旦发现虫子的身体有发软现象，同时体色不正常、吃食也不正常时，就要考虑黄粉虫可能生病了。但是有一种情况除外，那就是幼虫在休眠期、成虫在刚刚羽化不久或者是天气过冷时，它们的行动出现畏畏缩缩、行动迟缓时，这时要注意观察它们的体表，如果它们的身体依然光泽透亮、体态健壮、体色正常时，那么说明是一时的应激反应，并不是生病。

3. 快速判断疾病类型

在养殖过程中可以通过黄粉虫的体表、体色、虫的尸体上来快速判断出所患疾病的类型，为将来采取有效防治措施提供诊断依据和赢得时间。

如果黄粉虫的体色有明显异常，个体发育缓慢，已经死亡的尸体僵硬但不发出异常的臭味，可以很清晰地看到尸体表面上有"发霉"现象时，基本上可以确定为是真菌病。

如果黄粉虫已经死亡的尸体僵硬而出现液化状态时，同时也可以很清晰地看到尸体表面上有"发霉"现象时，基本上可以确定为是病毒病。

如果黄粉虫已经死亡的尸体颜色变暗变黑，快速腐烂而且会发出异味，特别是在蜕皮、化蛹等关键时刻时死亡，基本上可以确定为是细菌病。

如果黄粉虫的体表表皮透明，有的会出现斑驳状的棕色，基本上可以确定为是球虫类原生动物所导致的疾病。

除了从以上的症状进行简单判断外，如果想要更准确地进行确诊，还需要专业的技术人员配合专门的仪器，对病原微生物进行分离、培养后，然后进行种类鉴别，并提出相应的治疗方案。

二 干枯病

【发病原因】主要是气温偏高、空气太干燥或饲料过干、饲料中的青饲料太少，使黄粉虫体内严重缺水而导致该病发生。

【发生季节】此病多发生于冬天用煤炉加温时，或者在高温干燥的夏季，数天温度超过35℃且无雨的日子里。

【病症特征】虫体患病后，病虫虫体瘦小僵直，先从头部到尾部发生干枯，再慢慢发展到全身干枯、发黑、僵硬而死亡。幼虫与蛹患干枯病后，根据虫体变质与否，又可分为"黄枯"与"黑枯"两种表现。"黄枯"是死虫体色发黄而未变质的枯死；"黑枯"是死虫体色发黑已经变质的枯死（彩图7-1）。

【防治方法】

1）改善饲养条件，及时多投喂一些青菜叶，以及时补充体内的各种维生素，在饲料中添加酵母粉及土霉素粉。

2）在空气干燥季节或酷暑高温的夏季或连续数日无雨时，在地面上洒水或设水盆降温，同时应将饲养箱放至较凉爽通风的场所，或打开门窗通风，同时要把当天没有吃完的鲜饲料拣出，防止饲料腐烂促进病菌的滋生。

3）在冬季用煤炉加温时，要经常用温湿度表测量饲养室的空气湿度，一旦低于55%，就要向地上洒水增湿，或加大饲料中的水分含量，或多给青饲料，预防此病的发生。

4）对干枯而死的黄粉虫，要及时挑出扔掉，防止健康虫吞吃生病。

三 软腐病

软腐病又叫腐烂病。

【发病原因】饲养场所或室内空气潮湿，湿度显得过大，饲料过湿导致发霉变质，放养密度过大或在幼虫清粪及分箱过程中筛虫时用力幅度过大造成虫体受伤而被细菌感染，另外由于管理不好，粪便及饲料受到污染也能导致虫体之间的交叉感染发病。

【发生季节】本病多发于湿度大、温度低的梅雨季节，它是一种危害较为严重的疾病，也是夏季主要预防的疾病。

【病症特征】病原菌很可能是一种细菌，先期染病的病虫行动迟缓、食欲下降、产卵少，中期虫体变得柔软，颜色转为黑褐色，体内为褐色黏稠液体，粪便稀清且黑，后期严重的病虫身体渐渐变得黑、软、烂，最后虫体失水死亡。

【防治方法】

1）由于病虫排泄的黑便具有强烈的传染性，会污染其他虫子，如果不及时处理，会造成整箱虫子全部死亡。因此一旦发现软虫体要及时拿出隔离，清除残食，停止投放青饲料，清理病虫粪便，开门窗通风散潮，调节室内湿度，然后保持室内通风干燥。

2）如果连续阴雨，室内湿度大温度低时，可燃煤炉升温排潮，提供适宜的温度和湿度。

3）保持合理的密度，发病后用0.25g氯霉素或金霉素或土霉素拌麦麸或拌豆面或拌玉米面250g投喂，待情况转好后再改为麸皮拌青饲料投喂。

四 黑头病

【发病原因】黑头病是由黄粉虫吃了自己的虫粪造成的，这与养殖户管理不当或不懂得养殖技术有关。通常是在虫粪未筛净时又投入了青饲料，导致虫粪与青饲料混合在一起，被黄粉虫误食而发病。

【发生季节】一年四季中均可发病，尤其夏季为主要发病季节。

【病症特征】发病的黄粉虫先从头部发病变黑，再逐渐蔓延到整个肢体而死。有的仅头部发黑就会死亡。虫体死亡后一般呈干枯状，也可呈腐烂状（彩图7-2）。

【防治方法】

1）提高责任心。此病系人为造成，提高工作责任心或掌握饲养技术后就能避免。

2）死亡的黄粉虫已经变质，要及时挑出扔掉，防止被健康虫吞吃生病。

五 腹斑病

【发病原因】引起该病的原因主要有两点，一是由于黄粉虫进食长期处于潮湿状态的饲料，导致虫体内的水分增多；二是由于黄粉虫长时间食用含脂肪量过高的饲料，导致虫体内营养物质过多引起疾病的发生。

【发生季节】在常温养殖下，主要发生在夏秋季，如果是加温实行恒温养殖的话，那么一年四季都可以发生。

【病症特征】从表观上看，病虫的胸腹部有一块明显的褐色病斑，腹部的体节膨大，节间膜不能自由收缩，在阳光下看，可见黄粉虫的体内充满白色物质，病虫平时也吃食，就是最后因蜕皮不良而导致死亡。

【防治方法】

1）在投喂饲料前要对饲料的质量把好关，如果发现饲料过于潮湿时一定要立即更换新饲料。

2）不能过多地投喂含脂肪多的饲料。

3）采取适当措施增加湿度，在饲养过程中如果需要增加相对湿度，不要向基础饵料喷水，最好的办法是投喂蔬菜叶、青草叶、瓜果片，而且这些植物叶片上面不能含水，为了增加效果，可以勤添多换几次叶片。

4）如果发现病虫时，要立即拣走病虫，同时将投喂的还没有吃完的叶片和青草也一起拣走。

六 腹霉病

【发病原因】导致黄粉虫产生这种病害的主要是两种原因：一是饲养房内的湿度过大，导致黄粉虫感染了真菌而引起的；二是黄粉虫的饲养密度不合理，主要是密度过大导致黄粉虫感染了真菌而引起疾病。

【发生季节】主要是发生在夏季。

【病症特征】发病时病虫的行动迟缓、活动能力下降、食欲下降，甚至不吃食，仔细观察，可见它的腹部有暗绿色的霉状物。

【防治方法】

1）合理控制饲养房内的湿度，不要让湿度过高。

2）做好分龄饲养，及时疏散密度，确保黄粉虫的放养密度在合理的范围之内。

3）向饲料中加入抗真菌抗生素药物，如克霉唑、曲古霉素等，在添加前要将这些药物进行破碎处理，添加量是每平方米的饲养面积添加 2 片即可，连用 3 天。

第四节　黄粉虫的敌害

黄粉虫的敌害较多，但主要是螨虫、蟓虫类、蚂蚁、老鼠等。

一　螨虫

危害黄粉虫的螨虫主要是粉螨，俗称"糠虱""白虱""虱子"。螨虫的成虫体长不到 1mm，全身柔软，呈拱弧形，灰白色，半透明有光泽。全身表面生有若干刚毛，有足 4 对。幼螨具足 3 对，长到若螨时具足 4 对，若螨与成螨极相似。高温、高湿及大量食物是螨虫生长的环境与物质条件，在这种条件下螨虫每 15 天左右发生一代，每头雌螨能产卵 200 粒，可见其繁殖力之强。

【敌害源】饲料带螨卵是螨害发生的主要原因。据昆虫专家介绍，螨虫在米糠、麦麸中很容易滋生，使饲料变质。如果把带有螨虫的米糠和麦麸作为饲料投喂时被带入饲养箱内，在高温、高湿的适宜环境条件下，又有丰富的营养，螨虫繁殖力又极强，能在短时间内繁殖发展、蔓延到全部饲养箱中。

【发生季节】一般在 7~9 月高温高湿的夏、秋季节为主要发病时间。

【敌害的危害】螨虫一般生活在饲料的表面，可发现集群的白色蠕动的螨虫，寄生于已经变质的饲料和腐烂的虫体内，螨类对黄粉虫危害很大，它们取食黄粉虫卵，叮咬或吃掉弱小幼虫和正在蜕皮中的幼虫，污染饲料。即使不能吃掉黄粉虫，它们也一方面竞争取食麦麸影响幼虫的生长，另一方面会叮在幼虫身上，会搅扰得虫子日夜不得安宁，使虫体受到侵害而日趋衰弱，生长迟缓，孵化率低，繁殖力减弱，食欲不振而陆续死亡。

【防治方法】

1）选择健康虫种，在选择虫种时，应选活性强、不带病的个体。

2）防止病从口入，严防饲料带螨。对于黄粉虫饵料，应该无杂虫、无霉变，在梅雨季节要密封储存，米糠、麸皮、土杂粮面、粗玉米面最好先暴晒消毒，待晾干后再投喂，有条件的还可将糠、麸隔水蒸20min消毒。另外一点也不能忽视，掺在饵料中的果皮、蔬菜、野菜不可过湿，湿度不能太大，因夏季气温太高易导致腐败变质。还要及时清除虫粪、残食及杂物，保持食盘的清洁和干燥，所投青饲料必须干爽，不得投喂过湿青饲料，保持饲养箱内的清洁和干燥。如果发现饲料带螨，可把饲料平移至太阳下摊开晒15～20min即可杀灭螨虫。加工饲料应经日晒或膨化、消毒、灭菌处理。或对麸皮、米糠、豆饼等饲料炒、烫、蒸、煮熟后再投喂。投量要适当，饲养箱中麦麸添加数量不可过多。

3）做好场地消毒，饲养场地及设备要定期喷洒杀菌剂及杀螨剂。一般用0.1%的高锰酸钾溶液对饲养室、食盘、饮水器进行喷洒消毒杀螨。还可用40%的三氯杀螨醇1000倍溶液喷洒饲养场所，如墙角、饲养箱、喂虫器皿，或者直接喷洒在饲料上，杀螨效果可达到80%～95%。也可用40%三氯杀螨醇乳油稀释1000～1500倍液，喷雾地面，切不可过湿。一般7天喷1次，连喷2～3次，效果较好。

4）用各种方法来诱杀螨虫。方法一是将油炸的鸡、鱼骨头放入饲养池，或用草绳浸米泔水，晾干后再放入池内诱杀螨类，每隔2h取出用火焚烧。也可用煮过的骨头或油条用纱网包缠后放在盒中，数小时将附有螨虫的骨头或油条拿出扔掉即可，能诱杀90%以上的螨虫。方法二是把纱布平放在池面，上放半干半湿半混有鸡、鸭粪的营养土，再加入一些炒香的豆饼、菜籽饼等，厚为1～2cm，螨虫嗅到香味，会穿过纱布进入取食。1～2天后取出，可诱到大量的螨虫。或把麸皮泡制后捏成直径1～2cm的小团，白天分几处放置在营养土表面，螨虫会蜂拥而上吞吃。过1～2h内再把麸团连螨虫一起取出，连续多次可除去70%螨虫。

5）调节好室内空气湿度，在夏季高温干燥时要保持室内空气流通，防止食物带螨，要注意降温、增湿，加强空气流通，饲料含水量可大些，并投喂一些青饲料，降低饲养密度。

6）科学养虫，这是最好的方法，是杜绝螨害发生的有效途径。对于天气潮湿的地区要适当增加筛粪次数，要 1 天或 2 天喂料 1 次，以养殖箱中略有剩余为好，这样也可以减轻黄粉虫发病机会。每批次养殖结束后，要进行场所、养殖器皿消毒，可用 0.5% ~ 1.5% 的高锰酸钾溶液，喷洒物体表面消毒，也可用漂白粉、福尔马林溶液等消毒药物。

二　蚂蚁

【敌害源】　主要是有蚂蚁进入养殖场所。

【发生季节】　一般在夏季多雨潮湿时易于发生。

【敌害的危害】　蚂蚁很容易钻进饲养室，可把死虫、活虫抬走，导致损失。

【防治方法】

1）用清水隔离法驱蚁。用箱、盆等用具饲养黄粉虫时，把支撑箱、盆的 4 条短腿各放入 1 个能盛水的容器内，再把容器加满清水。只要容器内保持一定的水面，蚂蚁就不会侵染黄粉虫。

2）用生石灰或草木灰驱避蚂蚁法。可在养殖黄粉虫的缸、池、盆等器具四周，每平方米均匀撒施 2 ~ 3kg 生石灰或草木灰，并保持生石灰的环形宽度 20 ~ 30cm，利用生石灰的腐蚀性，对蚂蚁有驱避作用，并且蚂蚁触及生石灰后，体表会粘上生石灰而感到不适，使蚂蚁不敢去袭击黄粉虫。

3）用毒饵诱杀蚂蚁法。取硼砂 50g、白糖 400g、水 800g，充分溶解后，分装在小器皿内，并放在蚂蚁经常出没的地方，蚂蚁闻到白糖味时，极喜欢前来吸吮白糖液，而导致中毒死亡。

4）生物防蚁法。利用蚂蚁惧怕西红柿秧气味的特点，将藤秧切碎撒在养殖池周围，可防止侵入。

5）化学防治法。用慢性新蚁药"蟑蚁净"放置在蚂蚁出没的地方，蚂蚁把此药拖入巢穴后，2 ~ 3 天后可把整窝蚂蚁全部杀死。

三 老鼠

【敌害源】 主要是老鼠进入养殖场所。对于黄粉虫来说，老鼠可以说是最难防治的天敌。老鼠既能爬高，又会钻洞，无孔不入。进入饲养室后，会在房顶做窝，伺机侵入食盒中吞食黄粉虫或麦麸，而且食量大，危害严重。因此，养殖户要特别注意观察，以免老鼠侵入饲养室，造成损失。

【发生季节】 一年四季均可发生鼠害。

【敌害的危害】 老鼠直接吞食黄粉虫，有时还会传染病菌。根据调查，一只老鼠每晚可吃掉幼虫100只以上。

【防治方法】

1）将室内墙壁角落夯实，最好做硬化处理，不留孔洞缝隙，出入的门要严密，以免老鼠入内，发现老鼠粪便要及时检查鼠洞，扑灭和堵洞。门、窗和饲养盆加封铁窗纱，经常打扫饲养室，清除污物垃圾等，使老鼠无藏身之地。

2）一旦发现可用人工捕杀，用电猫或家猫捕鼠，或用鼠夹和药物毒杀。若老鼠实在难防，就要以充足的饲料来防鼠。也可在饲养室内养一只猫来驱鼠。

> ● 【提示】 据有关专家的观察，若麦麸等饲料充足，老鼠一般只吃粮食，不吃黄粉虫。若没有麦麸，则会侵害黄粉虫。

四 其他的虫害、敌害

黄粉虫养殖的其他虫害还有蟑螂、米象及米蛾的幼虫、赤拟谷盗、印度谷螟、粉斑螟、鸟类等，它们同黄粉虫争食饲料、争夺生存空间，在以麦麸、糠麸为主要饲料的饲养箱内，往往形成一团一团的糠团，一旦发现后要及时清除（彩图7-3）。

黄粉虫养殖的其他敌害还有蟾蜍、苍蝇、壁虎、鸡、鸭、鹅和狗，在庭院养殖或暂养以及用大棚养殖时尤要加以注意和防范。

1. 蟑螂

蟑螂俗称偷油婆、油虫、茶婆子等，在昆虫中是最古老的种类之一，由于蟑螂的适应性强，早已从发源地非洲大陆通过海运商船、货物等，被带到南美、东欧和南亚的港口城市，以后逐步扩散，传入温带地区，甚至到达北方寒冷地区，现在已经遍布全世界，成为当今重要的城市害虫。我国蟑螂主要是美洲大蠊和德国小蠊两种，都对黄粉虫的生长有一定的危害性，它主要隐藏在黄粉虫的饲养场所内，甚至躲藏在饲养柜子里，有时就用唾液直接把卵鞘黏在栖息场所，如橱柜、木箱、纸箱及桌子的角落或杂物堆中。当幼虫孵化出来时就直接以黄粉虫的饲料为主要饵料，有时也咬食虫卵或蛹，对黄粉虫的养殖产生相当大的危害。

蟑螂是杂食性昆虫，食物种类非常广泛。可取食各类食品，包括面包、米饭、糕点、荤素熟食品、瓜果以及饮料等，除了喜爱各类食品外，蟑螂也常咬食其他物品，例如，在饲养房、仓库、储藏室等处啃食棉毛制品、皮革制品、纸张、书籍，或以腐败的有机物为食。正是由于蟑螂到处爬行，无所不吃，它们沾染和吞入了很多病原体，再加上它们边吃边拉的恶习，成为一些病原体的机械性传播者。因此在养殖黄粉虫时如果出现了蟑螂，一定要想方设法清除，这是因为它会给黄粉虫带来三方面的危害，一是蟑螂可携带致病的细菌、病毒、原虫、真菌以及寄生蠕虫的卵，直接导致黄粉虫产生疾病。二是蟑螂会以黄粉虫的饲料为食物，和黄粉虫竞争食物。三是蟑螂会咬食黄粉虫的卵、蛹及幼虫，造成养殖上的损失。因此一定要积极地防治。

【防治方法】

1）搞好环境卫生，室内保持干燥，用水泥进行抹缝（门缝、窗缝、墙缝等），堵住各种孔洞，通过这些措施断绝蟑螂的食源、水源，清除蟑螂的栖息场所。

2）采用粘蟑纸对蟑螂进行粘捕，用开水或蒸汽直接浇灌各处的缝洞和角落，烫杀隐藏在其中的蟑螂和卵鞘。

3）用化学杀虫剂如喷洒剂、胃毒剂、触杀剂、烟雾剂等对蟑螂进行灭杀。

2. 赤拟谷盗

成虫长椭圆形，体长 3~4.5mm，全身赤褐色至褐色，体上密布小刻点，背面光滑，具光泽，头扁阔。幼虫细长圆筒形，长 6~

8mm，有胸足3对，头浅褐色，口器黑褐色。赤拟谷盗的食性相当杂，喜欢吃面粉、麸皮、米糠、豆饼、干果、禾谷类种子、生药材、烟叶、皮革等，与黄粉虫明显争食，是黄粉虫饲料中常见的仓储害虫，它会使饲料中发生腥霉臭气，从而影响黄粉虫的吃食。

【防治方法】

1）饲料仓库要经常空仓消毒，仓库周围应保持清洁，定期消毒杀虫。

2）黄粉虫的饲养盘等养殖设备要定期彻底清理，并施用药剂熏蒸处理。

3）仓储玉米等种子或粮食要纯净干燥，颗粒完整，原粮加工时必须无虫，否则应处理后再加工，防止感染机械设备。

4）可使用粮食防虫包装袋来包装黄粉虫的饲料。

5）饲料最好经消毒杀虫处理后再使用，消毒药物有4mg/L保粮磷或15mg/L防虫磷或4mg/L甲基嘧啶磷或1.0～1.5mg/L溴氰菊酯。

3. 印度谷螟

印度谷螟是常见的仓储害虫之一，成虫是一种小型蛾子，体长5～9mm，头部灰褐色，腹部灰白色。一般雄成虫体较小，腹部较细，腹末呈二裂状，雌成虫体较大，腹部较粗，腹末成圆孔。卵长0.3mm，乳白色，椭圆形，一端颇尖。卵表面有许多小颗粒。老熟幼虫体长10～13mm，体呈圆筒形，中间稍膨大。幼虫食害玉米、大米、小麦、豆类、谷粉、米麦制成品、各种干果、干菜、油料、花生、奶粉等。幼虫咬食胚部及表皮，并排出许多带臭味的粪便，造成饲料污染，另外它还和黄粉虫争夺食物，严重影响黄粉虫的正常生长发育。每年发生4～6代，一般以幼虫在仓库缝隙吐丝结茧化蛹或越冬。

【防治方法】

1）做好环境卫生工作。黄粉虫的饲料放置前要将库房内外彻底打扫，确保清洁卫生，同时要剔除虫巢，缝隙用石灰堵塞嵌平，墙壁用石灰浆粉刷后，按每立方米空间用80%的敌敌畏20～40mg，或浸有敌百虫或磷化铝的锯木屑烟剂熏蒸，消灭漏网害虫。

2）减少敌害进入的途径，饲料库房门窗须加设纱门、纱窗，防止成虫飞入，同时在里面挂上浸有敌敌畏的布条，以杀死进入的害虫，但要注意在操作时不能污染饲料，否则也会给黄粉虫带来伤害。

3）用物理防治法，就是利用印度谷螟怕光的特性，一旦发现有虫时，可以放在太阳下暴晒杀死，也可以在低温条件下（最好在－1℃以下）将其冻死。

4）化学防治法，也就是用药物诱杀或熏杀。在化蛹前及越冬前，用麻袋等物盖在仓储物表面诱杀，也可在成虫羽化期用性信息素诱捕器诱杀；每立方米用30～40g氯化苦（三氯硝基甲烷），喷布到饲料包装袋面上或喷布到空包装袋上挂于仓库内，也可每立方米用190～220g二氯乙烯或磷化氢或环氧乙烷或溴甲烷（甲基溴或溴代甲烷）各20g，密闭熏蒸72h。

4. 粉斑螟

粉斑螟成虫体长6～7mm，头胸灰黑色，前翅三角形，后翅为灰白色三角形；老熟幼虫体长12～14mm，形状似蚕，头部赤褐色，体部乳白色到灰白色；蛹长7.5mm，宽2mm，较短粗，浅褐色到褐色；卵球形，直径约0.5mm，乳白色，有光泽。

粉斑螟的危害情况与印度谷螟相似，以幼虫危害稻谷、大米、玉米、高粱、小麦、大麦、面粉、大豆、青稞、糠麸、粉类等。粉斑螟1年发生4代，对黄粉虫饲料危害较大，能显著降低饲料的营养价值。

【防治方法】

1）利用这种害虫不耐寒冷的特点，在－1℃以下就能将其冻死。

2）做好环境卫生工作，剔除虫巢，清除虫源。

3）减少敌害进入的途径，在饲料房及饲养房内一定要安装好纱门、纱窗，防止成虫飞入产卵。

4）在室内挂浸有敌敌畏的布条，有虫饲料可用高温、毒气熏蒸处理等。

5. 壁虎

壁虎很喜欢偷吃黄粉虫但又比较难防除，这是因为壁虎行动敏捷、善钻隙、不易被发觉，主要危害黄粉虫的幼虫，是黄粉虫养殖过程中的大害虫之一。曾有人对一只壁虎剖开腹部进行检查时，发现它小小的肚子里竟然有4条20mm长的黄粉虫幼虫。

预防壁虎的危害以人工捕捉为主。另外要彻底清扫饲养房，经常检查室内墙壁，发现孔洞及时堵塞，门窗装上纱网，防止壁虎入室。

6. 鸟类

在养殖观赏鸟时，常常用黄粉虫来饲喂鸟儿，但是在养殖黄粉虫时，却要处处防着鸟类，这是因为黄粉虫是一切鸟类的可口饵料，据了解，一只鸟类如麻雀一次就可以吃几十条虫，更为可恶的是这些鸟类相互之间用鸟语或其他特殊的信号来通知同伴：哪儿有最好吃的。这就是为什么会发现，只要有一只鸟儿吃到黄粉虫，很快会有其他的鸟儿飞过来一起品尝的原因。

【防治方法】关好门窗，尤其是在为饲养房开窗换气时，往往会有麻雀等鸟类飞进来捕食黄粉虫，因此一定要防止鸟进入养殖室内，如果需要开窗时，则一定要有人看护。

7. 米象等敌害

米象又叫米虫，其他的敌害还包括米蛾、谷蛾等，它们主要是和黄粉虫争饲料。例如，米象等的幼虫喜欢钻在饲料中，并用黏液使饲料形成团块，从而污染饲料，影响黄粉虫的生长和孵化。

【防治方法】关好门窗，防止室外害虫进入室内；将饲料在使用前用高温蒸煮一下，杀死杂虫。

第五节　有害物质的危害与防范

在黄粉虫养殖中，不但要时时防范它的病害、虫害和敌害，还要防止一些人为造成的有害物质对它的伤害。例如，黄粉虫对油漆等有机溶剂、汽油等挥发性物质、苯甲酸钠等防腐剂这些有害物质十分敏感，一些养殖户在具体的操作过程中往往有意无意间忽略了这一点，从而给他们带来一些不必要的损失，根据观察发现，这些人为的有害物质主要来源于饲养箱材料污染、室内涂料污染以及饲料污染。

一　饲养箱材料污染

许多养殖户在制作饲养箱时，都喜欢用一些新的材料来制作，这也难怪，大家都希望在这个新兴的产业中获得新的希望，但是他们却往往忽视了一个重要事实，就是一些新的木材中本身会含有一些挥发性物质，例如，松木会发出松子的味道、樟木会发出驱蚊虫的特殊异味、檀木也会发出特殊的味道，这些味道对木材本身来说是有作用的，它们主要是用这些味道来驱虫防腐，所以说它们含有的这些挥发性物质就是天然的防虫物质，作为黄粉虫，被这些物质所毒杀也就不足为奇了。

还有一种情况就是现在的密度板、木工板、三合板、纤维板、胶合板以及其他形式的板材中均含有不同程度的杀虫剂、防腐剂和添加剂，这些物质有时对黄粉虫养殖可以说是致命的。

预防方法很简单，针对这种情况，建议广大养殖户在制作木质饲养箱时，最好选用旧的实木材料或旧的加工板材，因为经过长时间日晒雨淋的旧材料，它们的挥发性物质会大大降低。

二 室内装修造成的污染

这种情况发生时可以分为两种类型，第一种是许多小规模养殖者喜欢把黄粉虫养殖在家中，在家中往往有一些家具等，这些家具无论是买的还是自制的，都或多或少地进行过一些装修，这些装修材料会影响黄粉虫的生长。第二种是主要的污染源，许多规模化养殖场在养殖前都要对养殖场所进行一次彻底的整治，如除草、打扫卫生、对墙壁进行粉刷、对饲养箱和饲养架进行油漆等处理，其实这些材料中本身就含有一些有害物质，例如，几乎所有的油漆和涂料都含有甲醛。由于黄粉虫对它们的敏感性极强，非常容易受到伤害。

预防方法就是减少这些物质对黄粉虫的伤害，一是每天都打开窗户及时通风、更换新鲜空气。二是在装修过的房屋内不要立即把虫子放入，要等气味散尽后再放入虫子，在此之前，可以先在房间内摆放一些污染指示花卉，如滴水观音等，最好的方法还是经相关检测达到安全使用浓度后再进行黄粉虫的养殖。

三 饲料造成的污染

通过喂养的饲料对黄粉虫造成的损失可以说是无意的，但往往却是在不经意间给黄粉虫以致命的打击，有时对大的规模化养殖场来说，这种打击具有毁灭性，这是由于饲料带有毒性，往往是人为所不能察觉的，人们用它来饲喂黄粉虫，实际上就是在慢慢毒杀黄粉虫。

饲料污染一般是由以下三种情况造成的：

1）所购的饲料本身含毒，为什么这样说呢？这是因为一些种植区有一些疾病，必须通过喷打药物才能防治，由于药物喷打的浓度高、收割时间又短，导致部分药物残留在小麦、稻谷等这些饲料源上。

2）饲料加工前或加工后受到防虫防腐剂的毒害，主要是饲料储藏在仓库中，仓库中会有各种敌害和虫害，为了防范这些虫害和敌害，仓库管理人员会用各种有效的致命的杀虫剂喷杀，这些杀虫剂和药物主要有磷化铝等，它们会在喷洒过程中形成雾状颗粒，富集在饲料表面，在用这些饲料喂虫时，就会造成人为的中毒事故。

养殖户在利用储存的饲料时，应了解一下仓库中最近是否用过药，最后一次用药的时间是何时？这些药物的安全期限和安全浓度是多少？一定要等到药物过了有效期后再投喂。另外从外面购进的饲料，最好先搁置20天左右，待可能残存的农药药性完全消失后再投喂。

3）青饲料携带农药，这主要是菜农为了防治蔬菜害虫或自己家的蔬菜生了虫，就会使用一些杀虫类的农药，一些养殖户一不小心就会用这种带药的菜叶来喂黄粉虫，最后造成黄粉虫大量死亡，这些问题是许多养殖户都可能遇到的，一定要注意防范。

—— 第八章 ——
黄粉虫的利用

黄粉虫可以说是全身都是宝，用途极为广泛。根据现在的科技条件，目前已形成食品、饲料、肥料、菜品、能源、环保 6 项产业。

第一节　黄粉虫是很好的饲料来源

一　黄粉虫作为饲料的优势

黄粉虫的幼虫含蛋白质 48%~50%，干燥幼虫含蛋白质 70% 以上，蛹含蛋白质 55%~57%，成虫含蛋白质 60%~64%、脂肪28%~30%、碳水化合物3%，还含有磷、钾、铁、钠、镁、钙等常量元素和多种微量元素、维生素、酶类物质及动物生长必需的 16 种氨基酸。黄粉虫的营养成分很高，根据对黄粉虫幼虫干品的分析，每100g 干品中，含氨基酸 847.91mg，其中赖氨酸 5.72%，蛋氨酸0.53%，这些营养成分居各类饲料之首。因此国内外许多著名动物园都用其作为繁殖名贵珍禽、水产的饲料之一。另外幼虫干燥后可以代替高质量的鱼粉，不但能够替代进口优质鱼粉、肉骨粉做蛋白质饲料，而且是特种养殖的鲜活饲料，进行特种养殖的主体饲料。

另外，黄粉虫现在也被广大钓友开发成为新的钓饵，由于黄粉虫易养殖、来源广泛，且可以活体形态保留一段时间，当它被穿上鱼钩后，可以自主存活一段时间，由于在水中不断地扭动，加上黄粉虫的体液能发出特殊的味道，因此能有效地吸引鱼类前来吞钩（图8-1）。

图8-1　黄粉虫用于钓鱼

二 适合用黄粉虫作为活体饵料的经济动物

　　黄粉虫是珍禽、观赏动物和其他经济动物饲喂的传统活体饵料，尤其是近年来研究开发利用较多，比较成功的有利用黄粉虫养蝎、养蜈蚣、养蜘蛛、养壁虎、养麻雀、养捕食性甲虫如拉步甲等、养蛤蚧、饲喂雏鸡、喂养鹌鹑、养乌鸡、养斗鸡、养虫子鸡、养鸭、养鹅、养龟、养蛇、养蛙、养鸟、养黄鳝、养鳖、养热带鱼和金鱼等经济动物，均已取得较好的经济效益。

　　例如，用黄粉虫做饵料来喂养蛋鸡，能够加快它们的生长发育和提高繁殖率以及抗病能力。根据试验表明，用黄粉虫来喂养雏鸡，它的生长发育快，成活率达95%以上，用来喂养产蛋鸡，它的产蛋率能提高30%以上，而且还可以增强雏鸡的抗病能力。近年来，也有用黄粉虫为活体饵料，结合生态农牧经济的模式，生产生态鸡、虫子鸡、虫蛋等，发展绿色禽蛋产业。

　　根据有关资料表明，我国部分水产研究所利用黄粉虫进行幼鱼苗培育，取得了显著的经济效益，幼鱼不仅生长快，成活率高，而且成本低，鱼群极易驯化，体色光亮，饵料系数低；利用黄粉虫饲

第八章

黄粉虫的利用

179

养美国青蛙、鲤鱼等也取得了成功。由于黄粉虫体表有一层坚硬并带光泽的物质——几丁质，对鱼鳞的色泽和光亮度有明显的促进作用，同时发现利用黄粉虫喂鱼具有生长速度快、饲料系数低、水质污染轻的作用。

三　黄粉虫喂养观赏鸟

用黄粉虫喂养观赏鸟是养鸟人的主要方法之一，特别是对于笼养的鸣禽来说，经常投喂黄粉虫尤其是幼虫，对提高鸣禽叫声和改善声音的音质都大有好处，这已经是被许多养鸟人所证实的。喂养观赏鸟时，可以采取虫浆米投喂、虫干拌料投喂、虫干粉混合投喂、鲜虫直接投喂等多种方法，在喂虫子的同时一定要多投喂蔬菜、瓜果等新鲜的植物性饲料，另外最好是多喂活虫，由于死虫会使观赏鸟发生肠炎等疾病，因此绝对不要给自己的爱鸟喂死虫子或病虫。另外有条件的话还可以在喂虫子半小时后，多让鸟活动活动，也可以让鸣禽多开口，多练嗓子。

四　黄粉虫喂养蝎子

蝎子是著名的中药材，也是典型的食虫性动物，最初人们养殖蝎子时遇到了饵料的瓶颈，一直没有更大的发展，自从黄粉虫作为蝎子的优良饲料进行试验成功后，蝎子养殖户就把用黄粉虫来喂养蝎子作为主要的养殖技术手段之一，养殖黄粉虫也是人工养蝎不可缺少的内容。

不同生长阶段的蝎子投喂的黄粉虫大小也应有所区别，一般幼蝎以投喂 1~1.5cm 长的黄粉虫幼虫为宜，成年蝎则投喂 2cm 左右的幼虫较好。对于成蝎的投料，不仅要增加投虫量，而且要常观察，在虫子快被捕食完时及时补充投喂。

五　黄粉虫喂养龟鳖

龟鳖曾经是我国名噪一时的优质水产品，曾经的"中华鳖精"就是我国的一个著名品牌。

鳖在我国养殖是十分广泛的，尤其是在浙江、湖南、湖北等地，养殖面积广，养殖技术高，养殖效益好。

1. 黄粉虫适合养鳖

鳖对饲料的蛋白质含量要求是比较高的，一般最佳饲料蛋白质含量在40%～50%之间，因此，养殖者在长期的养鳖过程中发现用黄粉虫喂鳖效果十分理想。这主要的原因就是黄粉虫的蛋白质含量相当高，而且氨基酸的含量也比较高，适宜动物体吸收转化，而且据测定，鳖对饲料的脂肪及热量的需求也与黄粉虫的含量相当，因此鳖吃下去后特别容易转化为自身的营养成分，几乎没有什么浪费，所以说黄粉虫是比较适宜用作鳖饲料的，现在已经成为养鳖中的主要动物蛋白质饲料来源之一。

2. 黄粉虫喂鳖的方法

黄粉虫用来喂龟鳖时，可以有两种方法，一种方法是采用虫干或虫粉按比例掺入到饲料中，配制成专用的龟鳖饲料，然后再根据正常的投喂技巧和方法进行喂养；另一种方法就是用鲜活的黄粉虫尤其是幼虫来喂鳖，以鲜活的黄粉虫幼虫来喂鳖可补充多种维生素、微量元素，同时也能补充植物饲料中缺乏的营养物质，对提高鳖的活动能力、抗病能力、繁殖能力都有好处，是人工养鳖较理想的饲料（彩图8-1）。

3. 黄粉虫的投喂次数

由于鳖是一种变温动物，它的新陈代谢与生理活动和水温及气温密切相关，不过现在已经开发出恒温养殖技术，可以不让鳖进入冬眠状态。但是黄粉虫投喂鳖的次数还是与水温有关系，水温在15℃以下时，鳖基本上是不吃食的，这时投喂黄粉虫也没有效果；水温在16～20℃之间时，鳖的食量较小，每天投喂1次黄粉虫即可；当水温在20～25℃时，则可增加投喂次数至2～3次；当水温在25～32℃时，是鳖食量最大、吃食最强、抢食最猛的时候，这时可多投喂几次，最好是"少吃多餐"，以保证虫体新鲜；当水温在33℃以上时，鳖又要进入夏眠状态，也不肯吃食了，这时也就不要投喂黄粉虫了。

4. 黄粉虫的投喂量

在鳖的生长季节，鲜虫的日投喂量为鳖体重的10%左右较适宜。具体判断食量的标准是采用试差法：就是在一天的投喂中，如果投喂2～3次甚至更多次的时候，在第二次投喂时要观察前一次投放的虫子是否已被鳖吃完，如果没有吃完就不要继续投喂，同时将剩余的虫子捞出，如果已经吃完了，就可以考虑再投喂一些。对于一天只投喂一次时，一定要在投喂后的1h左右来到食台查看，发现有死虫时就要立即取走，同时说明投喂量有点多，如果没有死虫，说明投喂量有点少，第二天就要多投喂一点。因此，以黄粉虫喂鳖，首先要掌握鳖的食量，投喂量以1h内吃完为宜。

5. 投喂时的技巧

在用黄粉虫喂鳖时，将虫子放在饲料台上，由于鳖是喜欢在水中取食的，因此饲料台是被水淹没的，但不可被水淹没得太深。

由于用黄粉虫养鳖与养鸟和养蝎子是不同的，鳖虽然也可以到陆地上捕食，但是由于它的胆小，还是喜欢在水中摄食，所以在投喂时就要考虑到黄粉虫在水中的存活时间。有人做过试验，当把鲜活的黄粉虫投入水中后，由于水浸入到虫子腹部的气门，导致虫子在10min内由于溺水而造成无法与外界进行空气交换，从而导致黄粉虫窒息死亡。更关键的是黄粉虫全身除了水分外，蛋白质和脂肪含量特别高，在死亡后它的肌体会迅速分解、腐败，例如，在20℃以上水温时，死亡的黄粉虫在2h左右就开始腐败，从外观上看就是虫体发黑变软，然后逐渐腐烂、变臭。虫体开始变软发黑就不能作为饲料了。如此时鳖继续取食腐烂的黄粉虫，就会引发疾病。因此在投喂时一是要尽量少量多次投喂，争取让黄粉虫每次都被吃完；二是在水中的黄粉虫最好能在半小时吃完，一旦1h后还没吃完的就要把它拣走，以免腐败。

六 黄粉虫喂养蛙类等两栖动物

两栖动物种类是比较多的，通常养殖的有青蛙、林蛙、美国牛蛙、古巴牛蛙、蟾蜍、棘胸蛙、虎纹蛙、树蛙等，这些蛙类都是有相当大的药用价值或食用价值或工业用价值的，因此在我国的养殖还是比较广泛的。黄粉虫饲养容易，可保证蛙类的饲料供给。

七 黄粉虫喂养蛇类

蛇既具有药用价值，也有很高的食用价值和观赏价值，因此在我国养蛇也比较普遍，蛇也是吞食性动物之一，平常也是以蛙类、鸟类、鼠等小动物为食。在饲养过程中，人们发现黄粉虫不但可以做蛇的饲料，而且还是优质的饲料来源之一，尤其是鲜活的黄粉虫更适合喂幼蛇。

至于中蛇和大蛇的养殖，既可以用鲜活的黄粉虫直接投喂成年蛇，也可用黄粉虫干或鲜虫打成浆与其他饲料配合成全价饲料，然后加工成适合蛇吞食的团状，投喂量要根据蛇的数量、大小及季节不同而区别对待，一般为每月投喂 3~5 次。

八　黄粉虫喂养鱼类

1. 利用鲜活的黄粉虫驯鱼、诱鱼效果好

黄粉虫的体内均含有特殊的气味，诱鱼效果极佳而且在鱼体内易消化，用它养殖鱼类的成活率较高。在室外池塘养殖时，常使用活的黄粉虫来驯化鱼类，鱼群易集中抢食。例如，在人工养殖鳝鱼时，刚从天然水域中捕获的野生鳝鱼具有拒食人工饵料的特点，因此驯饵是养殖成功的关键技术。常用鲜活的黄粉虫投喂黄鳝，再用黄粉虫粉拌饵投喂法来驯食人工饵料，效果明显。

2. 用黄粉虫养殖的水产品风味好

鲤鱼、甲鱼、黄鳝、乌鳢、龟等以黄粉虫、蝇蛆、蚯蚓为主要动物蛋白质饲料之一，它们吃了这些天然活饵后，不但生长迅速，而且体质健壮，疾病少，成活率高，口味纯正，接近天然环境下生长的产品，市场价格坚挺，因此在开发特种水产品养殖尤其是工厂化养殖时，必须解决活饵料的培育与供应问题。以鲤鱼为例，用黄粉虫养出的鲤鱼，体色有光泽，肉质细嫩、洁白，口感极佳，肥而不腻，比用人工饲料强化喂养的鲤鱼好得多，而且没有特殊的泥土味。

3. 黄粉虫可使观赏鱼体色艳丽

我国观赏鱼养殖越来越多，观赏鱼的赏析越来越被重视，对它们的体色要求也越来越讲究。尤其是一些观赏珍稀类的鱼种，它们的体色、体形更是决定观赏价值的重要因素之一，因此人们经过不断地摸索，发现用黄粉虫喂养锦鲤、金鱼和热带鱼，对改善观赏鱼的体色具有重要作用，可使它们抵御疾病的能力增强，体态更加丰

腴美观，鱼体发亮，色泽更加亮丽鲜艳，增色效果明显而且不易脱色。由于鱼类摄食方式多为吞食，投喂的黄粉虫虫体不可过大，否则鱼不能吞食，每次投虫量也不可过多，以免短时间内不能食完，出现虫子腐败现象。

4. 作为饲料添加剂

黄粉虫体内一方面含有丰富的赖氨酸、苏氨酸和含硫氨基酸，这些氨基酸都是谷物蛋白质所缺乏的，另一方面饵料生物同时含有丰富的促生长物质、酶、激素等也是谷物蛋白质所缺乏的，因此将黄粉虫制成添加剂就可以起到和谷物饲料互补的作用。据报道，将黄粉虫粉添加到饲料中，可以替代进口鱼粉。

5. 黄粉虫的投喂方式

用黄粉虫喂养鱼类时，投喂方式主要有两种，一种是对于那些凶猛性鱼类也就是肉食性鱼类来说，可以直接将鲜活的黄粉虫投喂给它们，还有就是对于那些观赏性的鱼类可以一条一条地喂给它们鲜活的黄粉虫幼虫，在喂饵的过程中领略赏鱼的乐趣；另外一种就是对于集约化养殖时，主要是以黄粉虫干或粉作为添加剂或原料之一，取代昂贵的鱼粉，配制成颗粒饲料来喂鱼，这在高密度养殖如网箱养鱼中最常用。

6. 投喂活的黄粉虫要注意的事项

许多家庭都有养殖观赏鱼或观赏龟的爱好，这些宠物都是喜欢在水里吃食的，因此黄粉虫也是投喂在水中的，所以编者在这里再次重点重申一下，投喂活的黄粉虫要注意的事项就是投喂的时间和投喂量。主要的原因就是黄粉虫在水中经 10min 左右的时间，它的腹部气孔会被水堵住而导致死亡，死亡后很快就会腐烂。如果投喂的黄粉虫量大，短时间内吃不了，而又没有及时地将这些死虫清理出来，那么时间一长，它们腐败后就会迅速污染水质，从而让自己的爱鱼也会随之得病，甚至死亡，这个教训必须要注意。

九 黄粉虫喂养鸡

1. 用黄粉虫喂养虫子鸡

用黄粉虫来喂养虫子鸡的技术参考第四章 黄粉虫的综合养殖。

2. 用黄粉虫喂养蛋鸡

如果在养殖虫子鸡的同时，让虫子鸡下蛋，那种蛋就叫虫子蛋，它的喂养方法请参考虫子鸡的喂养。

如果是单纯在蛋鸡饲料中加入适量黄粉虫进行普通蛋鸡的养殖时，可以直接将黄粉虫干按 1% 的比例掺在饲料中一起投喂，也可在饲喂玉米、麦麸等饲料基础上，加喂 10% 左右的活体黄粉虫，可有效增强鸡体免疫力，显著降低鸡蛋的胆固醇、脂肪的含量，有效提高蛋白质、卵磷脂的含量，同时可丰富矿物质元素，使鸡蛋质量明显提高。

✚ 黄粉虫喂养蜥蜴

蜥蜴的种类很多，也是一种世界性的宠物，在我国常见的有东南亚翠绿蜥、北草蜥、长尾鬣蜥、丽纹龙蜥、水龙、绿鬣蜥、豹纹守宫、变色龙、平原巨蜥等。

1. 饲养容器

要求饲养容器的长度超过蜥蜴的长度，越大越好，至少有一边的长度是体长的 2.5 倍。底部以沙或石做铺垫，放块沉木或石块供其栖息，缸中置一水盆，水以晾晒过为佳，供其饮水与洗澡。

2. 通风

所用的饲养容器应通风良好，避免容器内过于闷热，从而对蜥蜴的健康不利。如果是用铁丝网做的饲养箱，通风当然不成问题。如果是采用那种完全密封盖顶的养鱼用的玻璃缸或水族箱养殖的话，最好在缸或箱旁边设有通风孔。当然建议最好采用专用的爬虫饲养箱，那样才会有良好的通风。

3. 黄粉虫投喂

蜥蜴都可以喂食鲜活的黄粉虫。食物以黄粉虫为主的话，1~2 天喂一次，一次可吃 6~10 只幼虫。黄粉虫在投喂时不要放在水中，而是放在砂石上，如果 2min 后发现有死亡的幼虫时，要立即拣出，重新投喂鲜活的虫子。但要注意一点的就是，以黄粉虫为主要食物时，容易发生钙质与维生素摄取不足，这时可喂食蔬菜、水果等，应添加专用营养添加剂。

第八章 黄粉虫的利用

十一 黄粉虫喂养其他动物

由于黄粉虫本身具有的优势特性，因此在养殖界特别是宠物观赏界，人们更是将黄粉虫列为驯食，养殖那些肉食性、食虫性和杂食性动物的优选食物，因此据了解，目前用于各种养殖的动物中就有几十种，由于投喂黄粉虫的技巧也很简单，这里就不再进行一一阐述了。各地朋友可根据当地的养殖情况、养殖对象的大小及数量、养殖对象的吃食情况，结合黄粉虫的来源情况，采取适合自己宠物养殖的饲喂方式，尤其是用鲜活黄粉虫投喂时一定要注意饲喂中的质量问题，不能让病虫或死虫感染自己的宠物。

现在宠物界又有一种新宠，那就是拉步甲的养殖，它也是主要以黄粉虫为食物的。拉步甲和黄粉虫一样也是完全变态动物，它的幼虫和成虫都爱吃黄粉虫，但是在化蛹时要注意不能投喂黄粉虫，以防黄粉虫再以没有任何躲避能力的拉步甲蛹为食物，那就得不偿失了。

拉步甲是南方较为广布的一种大步甲，也是此属大步甲种的一个典型种，个体硕大，颜色艳丽，金属光泽尤其强烈，是一种新兴的观赏宠物。在养殖时可以用花鸟市场上常见的中号饲养箱，垫上5cm以上的拌湿过的园土，铺一点湿苔藓保湿，加几块树皮便于其活动。一龄幼虫就可以喂食小型的黄粉虫幼虫，一天每只拉步甲一龄幼虫可吃1只黄粉虫的小龄幼虫，一龄幼虫进食四五天以后停食，然后蜕皮。二龄幼虫体格较大，这时既可以投鲜活的小黄粉虫，也可以投喂大的黄粉虫，只是大的黄粉虫最好切成两半，再喂给拉步甲。二龄幼虫进食一周左右，开始停食，此时应用含腐殖质较少的园土，加水拌湿润以后供幼虫下土化蛹。化蛹时的拉步甲是不能投喂黄粉虫的。在蛹羽化为成虫后，可以再投给黄粉虫的幼虫，一天每只拉步甲可吃3~4只黄粉虫的幼虫（彩图8-2）。

第二节 黄粉虫有很好的食用价值

一 食品原料

1. 吃虫历史

人类自古在与大自然的斗争中，积累了丰富的利用自然资源的能力与本领，其中人类利用昆虫就具有十分悠久的历史，那是先祖们为了生存和获得更多营养，就发现了一些昆虫可以食用，据记载，我国劳动人民食用昆虫至少已经有 3000 多年的历史了。就是到现在为止，我国许多地方还有吃昆虫的习惯，尤其是云南、西藏等少数民族地区仍保留着食用昆虫的习俗，甚至一些地方把昆虫宴作为一个丰盛的菜肴用于招待贵客，给人们留下了深刻的印象。

2. 黄粉虫的食用功效

黄粉虫的营养十分丰富，体内富含氨基酸、蛋白质、维生素及微量元素等营养成分，具有蛋白质含量高、营养丰富等特点，其中钾、钙、镁、磷的含量明显高于猪、牛、羊等动物性食品。尤其是钾的含量是鸡蛋的 10 倍多、猪肉的 6 倍、牛肉的 6 倍、羊肉的 9 倍、鲤鱼的 2 倍、牛奶的 1.5 倍；钙的含量是鸡蛋的 3.5 倍、猪肉的 23 倍、牛肉的 23 倍、牛奶的 2.2 倍，是非常理想的动物蛋白质营养源。总的来说，食用黄粉虫具有提高人体免疫力、抗疲劳、延缓衰老、防皱、美容、养颜、降低血脂、增强体质、抗癌等功效。

3. 黄粉虫的表皮处理

黄粉虫在进行食品加工时常遇到的最主要问题就是虫体表皮的处理。由于黄粉虫的体壁及组织结构与其他节肢动物一样，都是外骨骼系统。而这种外骨骼有一个显著的特点就是表皮结构以几丁质为主。这种几丁质是一种含氮多糖的高分子聚合物，结构非常稳定、结实，但是几丁质的这种结构在一般条件下是很难用强酸、强碱进行作用，从而达到软化可食用的效果的，这样的结果就导致了可能会直接影响黄粉虫作为原料的加工食品的口感，入口后表皮粗糙、坚硬而无味，更不容易被人体消化吸收，因此需要对表皮进行处理。

目前在全球通用的处理方法大致可分为三种：第一种是过滤表皮法，也就是将处理干净的黄粉虫经破碎加工后，通过过滤的方法除去散落在滤渣中的表皮，将滤液留下来加工食品。但是这种过滤后的表皮也不要轻易浪费，可以结合提取几丁质的方法，将滤渣中的表皮进行再次利用，既不污染环境，又能提高效益。第二种是采用烘、炸、煎、烤等方法来加工黄粉虫，直接通过高温的作用来破坏虫体的表皮结构，使几丁质变性，让虫体更加膨松酥嫩，香气扑鼻，具有昆虫食品的特殊风味，可以直接食用。烘、烤、煎、炸黄粉虫是目前最简单易行，而且深受人们欢迎的一种处理方法。第三种方法是用酶来破坏表皮几丁质大分子间稳定的键，促进其水解，达到软化的作用，由于这种方法需要较高的技术和比较昂贵的设备，对于普通养殖黄粉虫的朋友来说，是不现实的，但从长远来看，用酶解法来生产黄粉虫的产品是一种必然趋势。

二 功能食品

黄粉虫在许多地方尤其是国外已经被广泛开发出各种各样的食品，有黄粉虫罐头、黄粉虫保健品等，黄粉虫经加工后还能以食品添加剂的方式加工成高蛋白面包以及富含微量矿物质元素的锅巴、饼干等功能食品。

1. 虫菜

直接用黄粉虫幼虫、蛹烹制成各种菜肴或膨化加工成小食品等直接食用，这就叫原虫食品。通常被称为旱虾，其口感清新，营养非常丰富。最常见的就是黄粉虫的菜肴，这些菜肴一方面是用幼虫制作的，业内人士称为虫菜（图8-2）。另一方面是用蛹制作的，业内人士称为蛹菜（图8-3）。

图8-2　虫菜

图 8-3 蛹菜

2. 油炸黄粉虫的制作

由于黄粉虫的体表几丁质较为坚硬,经过油炸后会更加膨酥可口。具体的制作方法如下:

1) 选料:选用新鲜黄粉虫的幼虫或蛹,成虫是不可以选用的。

2) 除杂:将选好的黄粉虫放在筛子上,先经过严格清理,去除杂质及内脏,用洁净的清水冲洗干净虫体,再用脱水机脱干水分备用。

3) 油炸:将处理干净的黄粉虫放在煮沸的开水中烫煮 3min 左右,捞出后用纱布包裹放在脱水机里进行再次脱水。用少量食用油放在锅中,中火烧至八成热,将干燥的虫体放在锅中炒至膨酥即可起锅,然后加入调味品就可以食用了。

油炸黄粉虫适用于制作小食品、餐宴食品、佐餐食品等,由于这种产品营养丰富、风味独特,因此也可以作为风味小吃。

3. 微波虫蛹食品的制作

1) 选料:选用新鲜黄粉虫的幼虫或蛹。

2) 除杂:将选好的黄粉虫放在筛子上,先经过严格清理,去除杂质及内脏,用洁净的清水冲洗干净虫体,再用脱水机脱干水分备用。

3) 微波虫蛹食品的制作:把处理好的虫蛹放到微波炉中烤制成膨酥状,烤制时要注意时间的把握,根据测试,每只直径约 25cm 的

第八章 黄粉虫的利用

189

微波盘可放100g左右的幼虫，经过微波加工9min就可以，而黄粉虫蛹，在同样的条件下，需要加工6min即可。然后撒上不同口感的调料，就可以食用了。另外还有一点要注意的是，这里的烤制时间只是个参考值，具体的加工时间还与虫蛹的种类、个体大小、虫体脱水程度以及微波炉的功率而定。

4. 餐饮半成品的制作

这种制作好的半成品一般是作为高档餐馆用来开设昆虫宴所用的，当半成品进入餐馆的后厨后，只要根据宴会的需要，稍微做一下加工、拼盘就可以制作成美味可口的虫菜了。

1）选料：选用新鲜黄粉虫的幼虫或蛹。

2）除杂：将选好的黄粉虫放在筛子上，先经过严格清理，去除杂质及内脏，用洁净的清水冲洗干净虫体备用。

3）制作半成品：把精心处理好的原料放一沸水锅中煮沸3min，然后捞出待其冷却后，用脱水机脱水后进行整形、挑选，然后做成小包装。

4）储存：把加工好的黄粉虫按50g、100g、200g、250g、500g的规格装入专用食品塑料袋中，真空抽气后封口，然后放到速冻冰柜中，在–18℃的条件下储存。

5. 黄粉虫酱油的制作

人们利用黄粉虫，通过专业的设备，将它们加工制作成酱油，具体的制作工艺流程和方法如下：

1）选料：选用新鲜黄粉虫的幼虫或蛹，成虫是不可以选用的。

2）除杂：将选好的黄粉虫放在筛子上，先经过严格清理，去除杂质，用洁净的清水冲洗干净虫体，再用脱水机脱干水分备用。

3）制作：一是把处理好的黄粉虫加适量水磨成虫浆状，调节酸碱度至中性，也就是pH为7.0；二是向虫浆中加入1%胰蛋白酶，在恒温45℃的条件下，经5～8h的酶解作用，使蛋白质酶解成氨基酸；三是待酶解作用完成后，将温度升到90℃，在高温的作用下，使胰蛋白酶失去活性，也就是灭酶过程；四是进行过滤，并将pH调至4.5～5.0，然后继续将温度升至100℃，经过30min的灭菌处理后，再进行调味调色即可制成黄粉虫酱油；五是成品包装，经过进一步的搅拌后，进行最后一次精细过滤后，将成品包装即可上市销售。

黄粉虫酱油本身在制作过程中，基本上没有流失营养成分，同时产品具有动物蛋白质的口感，拥有营养丰富、味道鲜美的优点，富含氨基酸及钙、硒、钾、磷、铁、镁、锌等多种微量元素和维生素，而且据测定，黄粉虫酱油里的维生素含量远远超过普通酱油。因此这种酱油既是优良的调味品，又具有营养保健功能。

6. 黄粉虫虫酱的制作

人们经过开发，可以用黄粉虫加工制作成虫酱：

1）选料：选用新鲜黄粉虫的幼虫或蛹，成虫是不可以选用的。

2）除杂：将选好的黄粉虫放在筛子上，先经过严格清理，去除杂质，清除消化道及分泌物，再用洁净的清水冲洗干净虫体，沥干水分备用。

3）制作基料：把处理好的黄粉虫放在 75～80℃ 的温度下烘干 3min，然后在高温下灭菌 20～30min，再加水研磨成虫浆状，作为基料。

4）制作各种风味的虫酱：在基料的基础上，可根据需要或各自的品味调配食用油、豆粉、芝麻、辣椒、天然香料等辅料，配制成各种风味虫酱。也可以在基料中加入白砂糖等制成酥糖馅、月饼馅等各种点心馅来制作点心。

7. 生产黄粉虫风味罐头

在规模化养殖黄粉虫时，由于黄粉虫的数量众多，而且优质品也多，因此可以制作生产黄粉虫罐头，提高养殖的附加值。

1）选料：选用体态完整的新鲜黄粉虫的幼虫或蛹，成虫是不可以选用的。

2）除杂：将选好的黄粉虫放在筛子上，先经过严格清理，去除杂质，清除消化道及分泌物，再用洁净的清水冲洗干净虫体，沥干水分备用。

3）制作各种风味罐头：将处理好的黄粉虫的幼虫或蛹经过水煮固化、脱水机脱水、灭菌处理等程序后，采用清蒸、红烧、油炸、微波、五香腌制等不同的调味加工，用常规制作罐头的方式进行装罐、排气、密封、杀菌后，再冷却至常温，就制成了各种风味的虫罐头或蛹罐头。这种罐头具有营养丰富、耐储存、品味独特、食用方便的优点。

三 食品添加剂

1. 黄粉虫调味粉的加工

由于黄粉虫的味道鲜美，口感独特，因此可以用黄粉虫加工制作成调味粉。

1）选料：选用体态完整的新鲜黄粉虫的幼虫或蛹。

2）除杂：将选好的黄粉虫放在筛子上，先经过严格清理，去除杂质，清除消化道及分泌物，再用洁净的清水冲洗干净虫体，沥干水分备用。

3）将清洗晾干后的虫体进行固化后，再用脱水机进行脱水，然后进行脱色处理。接着将处理好的虫体放到干燥箱中烘干，同时灭菌，再研磨成干粉，最后是把干粉进行筛分，成品可以直接装袋，那些筛选剩下的虫粉另做他用。

这种由黄粉虫制作的调味粉营养全面，不含有添加剂，是一种天然的调味粉，可添加到面包、糕点、饼干、糖果等各类食品中，增加蛋白质含量，提高其营养价值。

2. 黄粉虫蛋白质的提取

本书在刚开篇就已经阐述了黄粉虫的营养价值，黄粉虫的蛋白质中所含必需氨基酸不但种类多、含量高，蛋白质营养价值高，而且黄粉虫蛋白质中必需氨基酸数量相互之间的比例适宜，非常适合人体的需要，进入人体后易于被人体消化、吸收，所以说黄粉虫蛋白质是优质蛋白质，也是可供人类食用的优质蛋白质之一。

从黄粉虫中提取蛋白质的方法有多种，一般可分为碱法、盐法和酶法3种。

（1）碱法提取

1）选料：选用体态完整的新鲜黄粉虫的幼虫或蛹。

2）除杂：将选好的黄粉虫放在筛子上，先经过严格清理，去除杂质，清除消化道及分泌物，再用洁净的清水冲洗干净虫体，沥干水分备用。

3）提取：将处理好的黄粉虫打成虫浆或脱水后磨成干粉，按一定比例加入碱，这里的碱用的是氢氧化钠溶液，在一定温度条件下，处理一定时间（20min）后，用离心机离心5min去除虫渣，留下渣液。接着进行酸碱调节，向离心后的液体里加入10%盐酸调节pH，直到pH达4.5左右，可见明显的沉淀析出时为止。将这些沉淀物再用高速离心机离心4min后得到粗的含盐蛋白质。最后将含盐蛋白质经透析得到去盐蛋白质。

（2）盐法提取

1）选料：选用体态完整的新鲜黄粉虫的幼虫或蛹。

2）除杂：将选好的黄粉虫放在筛子上，先经过严格清理，去除杂质，清除消化道及分泌物，再用洁净的清水冲洗干净虫体，沥干水分备用。

3）提取：将处理好的黄粉虫打成虫浆或脱水后磨成干粉，按一定比例加入盐，这里的盐用的是氯化钠溶液，在一定温度条件下，处理一定时间（20min）后，用离心机离心5min去除虫渣，留下渣液。接着将这些渣液再进行过滤处理，就可以得到粗蛋白质。

（3）酶法提取

1）选料：选用体态完整的新鲜黄粉虫的幼虫或蛹。

2）除杂：将选好的黄粉虫放在筛子上，先经过严格清理，去除杂质，清除消化道及分泌物，再用洁净的清水冲洗干净虫体，沥干水分备用。

3）提取：将处理好的黄粉虫打成虫浆或脱水后磨成干粉，按一定比例加入胰蛋白酶和蒸馏水，在高速离心机下匀浆3min。用1%的氢氧化钠溶液调节pH至7，经过一定的酶解时间，一定的酶解温度。然后升温至70℃杀酶30min，置冰箱中冷藏过夜。最后将虫渣过滤，在80℃下烘干，得到粗蛋白质。

3. 制作黄粉虫蛋白粉

制作黄粉虫蛋白粉的工艺流程如下：

1）选料：选用体态完整的新鲜黄粉虫的幼虫或蛹。

2）除杂：将选好的黄粉虫放在筛子上，先经过严格清理，去除杂质，清除消化道及分泌物，再用洁净的清水冲洗干净虫体，沥干水分备用。

3）制作：将清洗沥干水分后的虫体进行固化后，再用脱水机进行脱水，然后进行脱色处理。接着将处理好的虫体放到干燥箱中烘干，同时灭菌，再研磨成干粉，采用加盐或加碱法使虫体蛋白质充分溶解，然后可用等电点法或盐析法、透析法等方法，使蛋白质凝聚沉淀，再把沉淀物烘干，把干粉进行筛分，成品可以直接装袋，就得到黄粉虫蛋白粉。

第三节　制作黄粉虫保健品

一　生产黄粉虫滋补酒

由于黄粉虫具有很好的保健功能，因此可以开发制作成保健滋补酒。生产黄粉虫滋补酒的工艺流程如下：

1）选料：选用老熟黄粉虫的幼虫或蛹，成虫是不可以选用的。

2）除杂：将选好的黄粉虫放在筛子上，先经过严格清理，去除杂质，清除消化道及分泌物，再用洁净的清水冲洗干净虫体，沥干水分备用。

3）将黄粉虫经过固化、烘干脱水，然后配以枸杞、红枣，按枸杞2份、红枣1份、黄粉虫2份的比例放入白酒中，浸泡1～2个月即成。要注意浸泡的时间与白酒的度数有一定的关系，一般来说，度数越高（最好在48°以上），浸泡的时间越短，反之亦然。

生产出来的黄粉虫滋补酒颜色纯红，口味甘醇，具有安神、养心、健脾、通络活血等功效，是一种值得推广的药用与保健兼用的虫酒。

二　生产黄粉虫口服冲剂

用黄粉虫生产口服冲剂需要以下几步：

1）选料：选用体态完整的新鲜黄粉虫的幼虫或蛹。

2）除杂：将选好的黄粉虫放在筛子上，先经过严格清理，去除杂质，清除消化道及分泌物，再用洁净的清水冲洗干净虫体，沥干水分备用。

3）深处理：将清洗沥干水分后的虫体进行固化后，再用脱水机进行脱水，然后进行脱脂、脱色处理。

4）制作：将处理好的黄粉虫进行高温灭菌处理，然后研磨成粉，再经过过滤、均质等进一步的处理后，采用喷雾干燥等工艺制成乳白色粉状冲剂，然后包装就是成品了。

这种由黄粉虫生产的口服冲剂，它的蛋白质、微量元素、维生素含量丰富，适合配制滋补强身饲料及各种冷饮食品。

三　生产黄粉虫氨基酸口服液

用黄粉虫提取并生产氨基酸口服液需要以下几步：

1）选料：选用体态完整的新鲜黄粉虫的幼虫或蛹。

2）除杂：将选好的黄粉虫放在筛子上，先经过严格清理，去除杂质，清除消化道及分泌物，再用洁净的清水冲洗干净虫体，沥干水分备用。

3）深处理：将清洗沥干水分后的虫体进行固化后，再用脱水机进行脱水，然后进行脱脂、脱色处理。

4）提取黄粉虫蛋白质：前面已经了解了蛋白质的提取方法和技巧。黄粉虫蛋白质中氨基酸组成合理，可制取水解蛋白和氨基酸，两者虽然水解度不同，但都具有良好的水溶性。

5）进一步提取氨基酸：在提取蛋白质后进行水解，水解的方法可采用酸法、碱法或酶法。一般采用酶解法制取复合氨基酸粉的含量最高。提取后的氨基酸具有极高的药用价值和工业价值，可用于加工保健食品、食品强化剂，也可用于治疗氨基酸缺乏症。

6）制作黄粉虫氨基酸口服液：将水解得到的复合氨基酸产品，经烘干制成粉状成品。如果要制成单一品种的氨基酸，可将复合氨基酸液进一步纯化分离、均质调配、冷藏等处理，再装瓶、杀菌后制成某种氨基酸口服液。也可以直接用氨基酸干粉制成氨基酸软胶囊。

四　生产黄粉虫蛋白强化饮料

大多数饮料虽然含糖较高，但是蛋白质缺乏，营养不平衡，而黄粉虫却具有蛋白质含量高、营养全面的优势。为使饮料能够提供人体所需的蛋白质，可利用黄粉虫蛋白对饮料进行强化。

1）选料：选用体态完整的新鲜黄粉虫的幼虫或蛹。

2）除杂：将选好的黄粉虫放在筛子上，先经过严格清理，去除杂质，清除消化道及分泌物，再用洁净的清水冲洗干净虫体，沥干水分备用。

3）制作饮料：由于饮料的成分或功能不相同，因此用黄粉虫对这些饮料进行强化的技术手段也有一定的区别。对于不含酸的清凉饮料，可将黄粉虫蛋白用酸化或酶催化法转化成可溶性蛋白质，然后按一定的比例添加到清凉饮料或含有碳酸气的饮料中进行强化；对于果汁饮料可采用双酶解法制取等电点溶解蛋白，作为果汁等软饮料的强化剂；如果对这些强化后的饮料配以蜂蜜、果汁，这些饮料中含有大量易被人体吸收的游离氨基酸，维生素和微量元素的含量也较高，是一种新型营养保健饮料，具有很高的营养价值，适合于运动员、婴幼儿、青少年及重体力劳动者饮用；另外，还可将黄粉虫蛋白与其他各种乳酸饮料中所含蛋白，按一定比例科学搭配，使动、植物蛋白得以互补，各种氨基酸构成比较平衡，从而提高饮料的生物价值。

第四节　黄粉虫作为科学试验材料

一　教学科研的好材料

由于黄粉虫饲养方便，简单易得，便于观察，在20世纪60年代末期，有关科研人员就开始选择黄粉虫作为教学、科研的试验材料，如应用于昆虫生理、生化、生物解剖及生物学、营养学、生态学等方面的试验材料。

在教学方面主要利用黄粉虫的活体来演示节肢动物的循环系统和血液的循环过程以及消化系统的观察等，具有直观性强的优点，方便学生掌握学习方面的内容要点。演示方法很直观也很简单，就是在演示前先让黄粉虫饥饿一天，再在黄粉虫的麦麸等饲料中加入一些试剂，这种试剂通常是无色无毒的染色剂，当这些饲料被黄粉虫的幼虫食用后，染色剂就会融于幼虫的体液中，并随着体液以及血液的流动而一起运动，由于这种染色剂呈现出特殊的颜色，所以就可以从黄粉虫幼虫透明娇嫩的背部看到染色剂的运动线路和运动过程，也就知道了幼虫血液的流动方向，从而比较直观地了解节肢动物循环系统的结构以及血液的循环过程了。

另外一些教师还将黄粉虫应用于动物的生物学教学，由于黄粉虫的原料易得，因此可以让每个学生直接动手进行解剖几条甚至十来条，了解节肢动物的外部形态和内部结构，通过观察黄粉虫的世代更替，了解昆虫的生活史、变态发育史等，不仅给人留下了十分深刻的直观印象，而且还可以锻炼学生的动手能力和试验操作技能。

还有一些老师通过对黄粉虫取食食物范围及取食量的分析，来研究昆虫的营养需求及消化吸收特点等。

二 生化试验的好材料

由于黄粉虫具有较好的耐寒性能，在自然界中，正常越冬的虫态可以在 -5℃ 的条件下身体也不结冰，也没有被冻死，而且在温度上升后，虫子仍然可以恢复正常的活动，因此在科研方面，科学家们主要是利用黄粉虫的这一特性来提取一些生物酶和抗冻耐寒的基因，并将这种转基因应用于一些抗冻蔬菜、动物及有特殊功能的防冻液产品中。

三 药理试验的好材料

另外还可利用黄粉虫对一些昆虫做相关的药理、药效试验，以方便取得第一手资料，是农药药效检测与毒性试验的良好材料。新型农药或新兴化合物的研制，必须通过生物测试或对害虫药效的试验。生物测试就是指系统地利用生物的反应测定一种或多种元素或化合物单独或联合存在时，所导致的影响或危害。黄粉虫则是最常用的仓库害虫的代表，由于虫源材料丰富，在一年四季中均可获得不同虫态的试验材料，药效试验和生物测试可以做得更加详尽而可靠，因此是一种优良的标准测试虫。

第五节　提取化工原料

一 提取几丁质

从黄粉虫中提取几丁质可能是黄粉虫作为工业价值的最主要体

现了。

1. 几丁质

几丁质又叫壳多糖、甲壳质、明角质、聚乙酰氨基葡萄糖、甲壳素，是一种含氮多糖的高分子聚合物，学名为 β-（1，4）-N-乙酰氨基-2-脱氧-D-葡聚糖，几丁质广泛存在于低等动物中，特别是节肢动物（如昆虫、虾、蟹等）外壳中，也存在于低等植物（如真菌、藻类）的细胞中。几丁质及其衍生物具有无毒、无味、可生物降解等特点，在食品加工中可做絮凝剂、填充剂、增稠剂、脱色剂、稳定剂、防腐剂及人造肠衣、保鲜包装膜等。黄粉虫作为昆虫的一种，体内富含几丁质，因此可以开发几丁质为人类服务。

2. 从黄粉虫中制备几丁质

1）选料：选用体态完整的新鲜黄粉虫，幼虫、蛹和成虫均可，黄粉虫成虫的骨骼、鞘翅，幼虫的表皮，蛹壳都是由几丁质构成的。

2）除杂：将选好的黄粉虫放在筛子上，先经过严格清理，去除杂质，清除消化道及分泌物，再用洁净的清水冲洗干净虫体，沥干水分备用。

3）提取几丁质：将黄粉虫经过酸浸、碱浸等处理方法除去蛋白质、脂肪后，经过脱色和干燥就可以提取几丁质了。

3. 几丁质的作用

几丁质资源丰富，作用也很显著，广泛应用于各领域中，比纤维素有更广泛的用途。在纺织印染行业中，它用来处理棉毛织物，改善其耐折皱性；在造纸上，作为纸张的施胶剂或增强助剂，提高印刷质量，改善机械性能、耐水性能和电绝缘性能；在食品工业中，作为无毒性的絮凝剂，处理加工废水，同时对水果保鲜有重要作用，还可作为保健食品的添加剂、食物防腐剂、增稠剂、食品包装薄膜等；在医学上，几丁质及其衍生物具有许多医学功能和治疗作用，有的具有抗凝血性能，有的有抗肿瘤效果，可制作手术缝合线，缝合线柔软、机械强度高，且易被机体吸收，免于拆线；几丁质在农业方面的应用十分广泛，可作为植物生长调节剂、饲料添加剂、土壤改良剂、果蔬保鲜剂、壳聚糖农药缓释剂、植物病害诱抗剂、杀菌剂、杀虫剂等。

二 制备抗菌肽

抗菌肽是昆虫体内由于外界刺激（包括物理、化学、病原微生物等）产生的具有抗菌、抗病毒等活性的小分子多肽。

正常情况下，黄粉虫体内没有抗菌肽存在，但在其虫体受到物理、化学刺激或病原微生物侵害时则可产生抗菌肽。

诱导黄粉虫体内产生抗菌肽的方法很多，一般以幼虫阶段诱导更为方便进行。可采用紫外光照射法、体内注射菌源法等。通过诱导黄粉虫产生抗菌肽，可进一步分析确定其结构，通过分子生物学手段，开发医用或农用新药物。

第六节　其他的应用

一 虫油的应用

黄粉虫产业可以为我国开辟新的能源资源宝库。

黄粉虫脂肪含量是比较高的，可以把脂肪提取出来做成油脂，根据相关资料表明，黄粉虫含油量一般是 29%，再利用油脂可制备降低血液胆固醇的药物、人造奶油、表面活性剂中间体等，也可用于制作肥皂、变压器用油、高级食用油、润滑油及增塑剂等。在我国，如果广为养殖黄粉虫的话，可年产动物脂肪几千万吨，将其转化为生物柴油后能部分缓解我国能源紧张状况。

在黄粉虫的各虫态期和幼虫期的不同阶段，它体内的脂肪含量是明显不同的。其中黄粉虫的初龄幼虫和中龄幼虫生长较快，新陈代谢也非常旺盛，它的体内脂肪含量相对是比较低的，蛋白质含量则较高。而那些老熟幼虫和蛹经过一段时间的营养积累，体内的脂肪含量较高，蛋白质含量相应较低。因此提取黄粉虫油脂时最好选择那些老熟幼虫和蛹。

提取黄粉虫体内脂肪的方法有好几种，现在一般采用有机溶剂萃取法，即将选择好的黄粉虫经过清洗、干燥等处理后，将制作成的干虫或干粉，按一定比例加入石油醚，在一定温度条件下，反复浸提处理，再将浸提液进行蒸馏分离，回收石油醚并获得黄粉虫粗虫油，进一步纯化得到精致虫油（图 8-4）。

图 8-4　黄粉虫油

黄粉虫脂肪是优质的油脂资源，富含不饱和脂肪酸，并且胆固醇含量低。因此，黄粉虫脂肪经加工纯化后可以直接食用，是具有特殊开发价值的较理想的食用脂肪。另外，黄粉虫脂肪还具有药理活性，可用于医药开发领域。

二　虫皮的应用

虫皮可用于提取甲壳素、生产壳聚糖。

其中提取的高级甲壳素，一方面用于医疗保健，开拓了人类保健养生、延缓衰老滋补药品的新领域；另一方面则用于高级滋补性化妆品，由黄粉虫皮提炼出来用作美容产品的物质对于美容护肤、靓丽养颜的女性顾客有着广泛的市场需求。

黄粉虫提取的壳聚糖对人体各种生理代谢具有广泛调节作用，具有调节免疫、活化细胞、抑制老化、预防疾病、促进痊愈、调节人体生理功能六大功能。另外，壳聚糖的应用领域已拓展到工业、农业、环境保护、国防、人民生活等各方面。

三　虫粪的应用

黄粉虫粪便极为干燥，没有异味，是世界上唯一的像细沙一样的粪便，所以又称为沙粪（也叫粪沙），便于运输。黄粉虫虫粪沙是一种非常有效的生物有机肥及肥料促进剂，可作为饲料辅助添加剂，也可作为无公害名贵花卉专用肥和有机复合肥，黄粉虫虫粪沙的综合肥力是任何化肥和农家肥不可比拟的。虫粪沙是有很高自然气孔率的微小团粒结构，而且表面涂有黄粉虫消化道分泌液形成的微膜，对于土壤的氧含量具有直接的作用，可以有效地改善土壤结构，增肥地力，增加农作物产量，提高农产品品质，还能降低农业生产成本，促进种植业的发展。也可以将虫粪沙与农家肥、化肥混用，对其他肥料具有改性及促进肥效的作用。由于黄粉虫虫粪沙无任何异臭味和酸化腐败物产生，也就无蝇、蚊接近，因此，是城市居室花卉的肥中上品。

此外，虫粪也可作为饲料应用于畜牧业和水产业，作为猪、鱼等饲料成分，饲喂效果良好。根据测试，1kg 虫粪的营养成分相当于10kg 家畜配合饲料。用虫粪喂猪、鱼、鸡、鸭等，比例是在禽畜饲料中加入 15% 的虫粪，猪、鱼等吃后生长较快。

最后一点作用就是夏季运输黄粉虫时，放入虫粪有减少虫体间摩擦降温作用，保证黄粉虫在运输中的成活率。

——第九章——
成功养殖范例

第一节 黄粉虫箱养实例

江苏南京市的张某，自己在50m²的室内，利用业余时间进行黄粉虫的养殖，养殖好的黄粉虫全部拿到夫子庙花鸟市场出售给观赏鱼和观赏鸟的爱好者，用于这些宠物的活饲料，取得了非常好的经济效益。

张某在50m²的房间里，共用了1800只养虫箱，按每只养虫箱的制作成本5元来计算，共需9000元；20个饲养架，需2000元；人工1个，3600元（以月工资1200元计，连续三个月为一个养殖周期）；黄粉虫种虫20000元，饲料费用21600元，其他1000元，总计57200元整。

在一个养殖周期内（3个月）收益是每只养虫箱可产黄粉虫2kg，价格为30元/kg，共收入108000元。毛利润为50800元。

一 养虫设备

1. 养虫箱

张某采用的是木质养虫箱，成本很低，可以有效地降低养殖风险。养虫箱的长与宽比例为2:1，内侧很光滑，深25cm左右，以防逃跑。为了有效地防止黄粉虫通过攀爬的方式逃跑，可将箱侧板的内侧用砂纸打磨光滑，然后用5cm宽的胶带纸或蜡光纸贴上一圈，用手轻轻压平。

2. 养虫箱架

张某采用的养虫箱架是他自己根据家里的具体情况而自行设计

的，上下共设计了四层，具有占地少、可充分利用空间的效果。

箱架之间的间距一般比养虫箱宽 10cm 左右，长度和养虫箱的长度一样就可以了，可以像超市里的货架一样分层摆放，这样会更加整齐、美观、稳定，也方便操作。

3. 其他的设备

其他的养虫设备主要有分离筛、镊子、集卵箱等，和一般养殖户是差不多的。

二 饲料准备

张某家地处南京市，没有农村里常见的一些农作物下脚料，他饲养黄粉虫的饲料主要以麦麸、米糠、玉米皮、豆粕等为主，通过一定的配比，制成专门的饲料，一般投喂 2.0kg 的配合饲料可收黄粉虫 1kg。

三 虫体选择

和其他养殖户一样，对黄粉虫的虫体选择要求是选择优质虫种，生长性能不好和伤残的都不能要。

四 放养密度

张某根据生产实践的经验，幼虫在饲养箱中的厚度以 1.0cm 为宜，以免发热，造成损失，他的一个养虫箱一般养殖幼虫 0.8kg 左右。

五 养殖管理

加强对黄粉虫的养殖管理，是他取得经济效益的重要保证，对黄粉虫的养殖管理，他主要是做好以下几点：

1. 幼虫的管理

1）提高孵化率。将不同的卵纸分层堆放，不可混放在一起，各层之间用几根小木条隔开，以保持良好的通风。然后在卵上盖一层青菜叶，以保持适合的湿度。孵化箱中的温度保持在 25℃ 左右，经 3 ~ 5 天可孵出幼虫。

2）幼虫的投喂。将孵出的幼虫从卵纸上取下移到饲养箱里喂养，放一层经过消毒的厚 2 ~ 3mm 的麦麸让其采食。基本上同龄的幼虫，应在一起饲养，不能大小相混，如果孵化箱比较充足的话，可以将幼虫留在原箱中饲养，在3龄前不需要添加混合饲料，原来的饲料已够食用，但要经常放菜叶，让幼虫在菜叶底下栖息取食。

3）及时分离。随着幼虫的生长，为了防止相互残杀，此时要大小分群饲养，可用不同目孔的网筛分离幼虫大小。

4）不同季节的管理。夏天气温高时，幼虫生长旺盛，虫体内需要有足够的水分，此时要多加含水分多的青饲料，有时还要通风降温，湿度控制在含水量15%左右；冬季，虫体含水量小，必须减少青饲料的投喂量。

5）及时筛掉幼虫的蜕皮壳和粪粒。

2. 蛹的管理

幼虫喂养50天，体长达2~3cm时，它们便开始化蛹。

1）防逃工作要做好。老龄幼虫在化蛹前四处扩散，寻找适宜场所化蛹，这时应将它放在产卵箱中，防止逃走。

2）保护虫蛹。在老龄幼虫快要化蛹的时候，要加强观察，及时把新化的蛹拣到饲养箱饲养，箱里先放一层3~5mm厚的麦麸垫，这时要注意刚化的蛹不能与幼虫混养，否则幼虫会咬死蛹。

3）科学储蛹。蛹也要呼吸，也要进行体内的新陈代谢，所以要把它们储放在通风、干燥、温暖的地方，一般由蛹到成虫的成活率为95%以上。

3. 成虫的管理

1）防逃工作要做好。成虫的活动能力和攀爬能力较强，因此成虫养殖盆的深度要在30cm以上，内壁一定要光滑。

2）加强投喂工作。投喂量一般是以成虫总体重的15%左右为宜。6~9月气温特别高，要多添加青饲料。

3）加强温度和湿度的管理。夏天要打开门窗通风，地面经常洒水，在饲养房内设置2个水盆等，使虫室湿度在规定的范围内，秋冬季及初春虫室要保温、加湿，使室内温度在25℃以上最好。

4）做好繁殖工作。在投放成虫前，先在箱底下垫一块木板，木板上铺一张纸，让卵产在纸上，每隔2天取出产卵纸，换上新白纸。将收到的同期卵放进饲养盒让其孵化，这样，虫生长整齐，减少自残，便于管理。

5）及时淘汰不合格的成虫。黄粉虫成虫连续产卵3个月后，雌虫会逐渐因衰老而死亡，未死亡的雌虫产卵量也显著下降，因而饲养3个月后就要把成虫全部淘汰，以免浪费饲料和占用产卵箱，提高生产效益。

第二节　黄粉虫综合养殖实例

养殖黄粉虫虽然是个新鲜事物，其中既有失败的经验教训，也有成功的喜悦。江苏省扬州地区养殖户朱某，采用林、虫、鸡、鸭、猪、鱼共养的模式，在林地里养鸡、养鸭、养猪，在林地旁养鱼，在饲养房高效养殖黄粉虫，虫子养殖出来后用于饲养虫子鸡、鱼，鸡粪和虫粪用来喂鱼、喂猪、种菜等，在经济林地养殖出来的鸡、鸭、猪、鱼等农产品具有风味独特、品质好、味道鲜美的优点，颇受消费者欢迎，所以价格好，效益高，它是传统养殖方法和现代养殖方法的结合，是生态农业的典范，形成了一个完整的生态农场经济种养殖模式，延长了黄粉虫的产业链条。他的整个做法和技术措施现介绍如下：

一　养殖效益

用林地里的鲜嫩的树叶和杂草以及在鱼池埂上种植的蔬菜来喂养黄粉虫，用虫粪、鸡粪和鲜嫩的树叶喂猪，用畜禽粪便喂鱼，鱼池为鸭提供活动场所，在一定程度上节省了部分饲料，将养虫后的虫沙、畜禽的粪便和鱼泥里的塘泥作为树木的有机肥施用后，效果显著。在林中养殖畜禽，由于树木吸收了畜禽粪便，为树木增加了养分，从而加快了树木的生长速度。在一般情况下，树木要7～8年才能成材，而养鸡鸭的树林，树木在4～5年就能成材，而且树木没有病虫害，品质好，林木加工企业争着购买。

此外，利用自然的山间林地进行养殖，使畜禽的生存环境自然化、生态化，不仅节省了大量的畜禽圈舍建设开支，而且还有利于高产高效，增加经济收入。实行此种植养殖模式可增产10%以上、增效15%～20%。

第九章　成功养殖范例

205

二 基础设施的建设

1. 黄粉虫饲养房的建设

黄粉虫的养殖房有两种形式，一种形式是直接在林木之间建立大棚，实行大棚养殖，可以让鸡自行前来觅食；另一种形式就是另外再建立一个饲养房，可以直接利用生态农庄园的管理房或工具储藏室等空闲的场所，将这些房屋进行彻底的打扫并用漂白粉或新洁尔灭等药物进行杀菌消毒，同时一定要注意清理鼠洞，把门窗安装好，确保养殖房宽敞、通风良好，能防止小鸟飞入、老鼠侵入等，室内光线要暗，保持黑暗，防止太阳照射。1～2 间的养殖房就可以了，每间房能养 300 多个木箱。

2. 猪舍、鸡舍、鸭棚的搭建

在这种养殖模式中，除了黄粉虫的养殖对饲养房要求比较严格一点外，对于其他的如猪舍、鸡舍、鸭棚的搭建要求不是太严格，可利用闲置的旧房改建，或搭简易大棚就可以了，具体的位置要靠近鱼池，方便粪便经过发酵处理后能立即进入鱼池。棚舍建成后，应认真做好清洁消毒工作，另外，棚舍内应设有粪尿沟，粪尿排出方向要一致，均朝鱼池方向修造。

3. 修建池塘

池塘宜建立在林地里面比较开阔的地方，大小应因地制宜，要求进排水方便，保水性能好，旱涝保收，光照时间长。

三 饲料准备与配制

1. 黄粉虫的饲料

这位养殖户为黄粉虫准备的饲料很丰富，一是利用林地里鲜嫩的树叶；二是林地里的杂草；三是麦麸和配合饲料；四是利用鱼池埂上种植的蔬菜等。

2. 鸡、鸭饲料的准备

鸡、鸭基本是在林地里自由采食的，让鸡、鸭在野外觅食昆虫及青绿多汁草料，只是在早晚人工喂养两次，饲料以廉价的农副产品资源和黄粉虫为主，早上在放养时和晚上回圈时各投喂一次，把黄粉虫撒在鸡鸭经常吃食的固定食场上，让鸡鸭自己采食虫子。鸭子除了可以在林中觅食，还可以在鱼池觅食水中生物。

3. 猪饲料的准备

1）选择好的树叶，或鲜喂树叶或将树叶进行青贮、盐渍、水泡等处理后或将树叶晒干后打成粉与其他的原料做成配合饲料，例如，可用紫穗槐叶、构树叶等。

树叶一般含有苦味，猪不喜欢吃，喂量过多，可能会引起猪的便秘，所以树叶要经过加工调制才可以作为饲料，加工后既提高了树叶的适口性，又提高了树叶的利用率。

2）利用鱼池埂上种植的蔬菜来喂猪。

3）鸡粪经过加工处理也可以作为很好的猪饲料。

4）黄粉虫的粪沙也可以用来喂猪。粪沙的营养价值在于它的营养成分很丰富而且生物活性物质比较全面，在猪饲料中加入15%左右的黄粉虫粪沙，可明显提高猪的消化速率，降低饲料指数，有助于饲养出来的猪毛色光亮、润滑。

4. 鱼饲料的准备

鱼饲料主要有四方面：一是通过向水体中施肥，主要是猪粪、鸡粪和虫粪，尤其是黄粉虫的虫粪施入养鱼塘中，能有效地缓解池水的发臭，有效地控制鱼病的发生。施肥后主要是培养池水中的浮游生物等天然饵料。二是投喂青饲料，主要是林间的杂草和在鱼埂上种植的苏丹草、黑麦草等，当然这些草也是黄粉虫的好饲料，青饲料一般价格比较便宜，含有丰富的维生素。三是投喂配合饲料，配合饲料在配制时，既可以添加黄粉虫干、虫粉，也可以添加虫粪，这是因为向鱼饲料中添加5%左右的虫粪沙，有利于提高饲料的诱食效果，提高饲料的利用价值。配合饲料具有营养全面、饵料系数低的特点，有利于鱼塘的高产高效。四是鸡粪和猪粪经过加工处理后均可直接作为鱼的饲料或添加在配合饲料中。在配合饲料时，一般鸡粪和鸭粪所占饲料比例为40%～50%，猪粪为30%～50%，黄粉虫粪占5%～8%，黄粉虫干占2%，其他的如小麦、玉米等占15%～25%。

四 共养管理

1. 黄粉虫的养殖与管理

（1）黄粉虫的养殖　养殖黄粉虫的饲料来源比较广泛，在这种养殖模式中，黄粉虫的饲料为麦麸、秸秆、菜类、树叶、青草、野草等，投喂时可直接在虫子上面盖上菜叶、树叶、青草、野草，让虫子生活在麸皮和各种叶片之间，任其自由采食。虫料比例是虫子1kg、麸皮1kg、菜叶1kg，刚孵化后的幼虫以多投玉米面、麸皮为主，随着个体的生长，增加饲料的多样性。每隔一星期左右，换上新鲜饲料并及时添补麸面、米糠、饼粉、玉米面、胡萝卜片、青菜叶等饲料，也可添加适量鱼粉。

（2）用黄粉虫喂鱼 采用这种模式养殖的黄粉虫来喂养鱼、鸡、鸭和猪时，是有一定技巧的。

对于鱼的投喂可分两种情况，如果养殖的鱼是肉食性鱼类时，可以在鱼的生长季节，直接投喂鲜虫，鲜虫的日投喂量为鱼体重的2%左右较适宜。如果是其他吃食性鱼类，可以将黄粉虫干或虫粪按配方的比例添加在饲料中进行投喂。

在用鲜活的黄粉虫喂鱼时，将虫子放在饲料台上，饲料台要放在水下面约15cm，所以在投喂时就要考虑到黄粉虫在水中的存活时间。因此在投喂时，一是要尽量少量多次投喂，争取让黄粉虫每次都被吃完；二是在水中的黄粉虫最好能在半小时吃完，一旦1h后还没吃完的就要把它拣走，以免腐败。

（3）黄粉虫喂鸡喂鸭 30～50日龄的雏鸡雏鸭，按生长期进行饲养管理，每天喂5～6次。这时可以在饲料中添加黄粉虫了，添加的比例是100kg的饲料加入黄粉虫2.5kg左右。在冬季，鸡鸭体热量消耗大，每天要喂足够的营养全面的饲料，在饲料中保证有一定数量的动植物蛋白饲料，如黄粉虫干、黄粉虫粉、鱼粉、蚯蚓粉、蚕蛹、水产下脚料以及豆饼、花生饼等，还要多喂些含维生素的饲料。

除了以上的投喂外，还要单独投喂一些鲜活的黄粉虫，投喂方法是在早上鸡鸭放出去前和晚上鸡鸭回窝后进行，把黄粉虫直接撒在平时喂食的地方，让虫子在地上蠕动，这时鸡鸭就会啄食，一定要掌握早晨放出时少喂点，晚上回来时多喂些，确保鸡鸭的营养需求。

（4）黄粉虫喂猪 利用黄粉虫喂猪，并不是用鲜活的幼虫直接给猪吃，而是将黄粉虫干和粪沙按比例添加在猪的专用饲料中，这样可以明显地促进猪的生长。

（5）加强对黄粉虫的管理

1）养殖时要保持相对稳定的温度和湿度，温度保持在 15 ～ 30℃ 之间最好，湿度要保持在 50% ～ 75% 之间，可多投喂嫩菜叶。

2）及时分离分养。随着黄粉虫的生长，由于各虫体因生长速度不同而导致个体大小不整齐时，为了防止相互残杀，此时要大小分群饲养，可用不同目孔的网筛分离幼虫大小，并按不同的规格实行分养。

3）加强各变态期的管理工作，无论是哪一虫态，在它们变态的时候，都是身体最虚弱、对外界环境抵御能力最弱的时候，也是最容易遭受敌害尤其是同类的侵袭的时候，因此在这一时期一定要加强管理，进行重点监管。

2. 鸡鸭的饲养管理

（1）饲养密度 鸡棚内的放养密度一般为 5 ～ 6 只/m²，鸡棚供鸡群夜间以及天气不好时休息。通常，林间放牧的放养密度遵循"宜稀不宜密"的原则，放养密度为 100 ～ 150 只/亩。

鸭子的放养密度与鸡的密度相当。放养规模一般以每群 500 只左右为宜，放养密度也要随着鸡的生长而逐渐降低，同时，应该注意处理好鸡与鸭同时放养的密度。

（2）做好放牧工作 天气晴好时，清晨将鸡群鸭群放出棚舍，傍晚天渐渐变黑时将鸡群鸭群赶回棚舍内。一般以鸡、鸭可以在林地内采食到丰富的食物为原则，放养时期，林地内必须杂草旺盛，而且昆虫较为活跃，一般可以在 4 ～ 10 月底实行放牧。白天放养不放料，给予充足的清洁饮水，根据放养的数量置足水盆或水槽。

（3）注意天气 在林地里散养鸡鸭，冬季注意北方强冷空气南下，夏季注意风云突变，谨防刮大风下大雨，尤其是开始放养的前一两周，要随时关注天气预报，时刻观察天空风云的变化，根据天气变化及时进行圈养或放牧。

（4）饲喂管理 首先是加强雏鸡雏鸭的饲喂管理，每天平均喂食 5 ～ 8 次，饲料中可以添加黄粉虫干或黄粉虫浆，在喂料前后半小时要保证其有充足的饮用水。等到雏鸡雏鸭适应后，就可以进入林地进行放牧饲养。

其次是加强驯养，养成定时、定点吃食的好习惯。为了使鸡、鸭定时归舍和方便补料，一般应对鸡鸭进行一些口令训练，如吹口哨、敲料桶等，当它们听到口令时就可以自行归舍和吃食。重复训练 10 天左右，鸡鸭就会形成条件反射了。

（5）预防接种 在饲养过程中，应注意对鸡鸭进行各种流行疾病的疫苗接种工作，这样可以有效防治疾病的发生，避免造成严重的经济损失。

3. 猪的饲养管理

（1）提供适宜环境 提供给猪舒适的生长环境条件，密切注意圈内密度、温度、湿度、光照等因素对猪生长的影响。通常把猪栏建在池塘一角的公共堤坝上。

温度：在适宜温度下，猪的增重快，饲料利用率高。适宜温度随猪只体重的不同而不同。

湿度：实践证明，当温度适宜时，相对湿度在 50%～70% 之间会促进猪的采食量、日增重和饲料利用率。对猪影响较大的是低温高湿和高温高湿。

空气新鲜度：如果猪舍设计不合理或管理不善，通风换气不良，饲养密度过大，空气就不新鲜，从而降低猪的食欲，影响猪的增重和饲料利用率，并可引起猪的眼病、呼吸系统疾病和消化系统疾病。

光照：猪舍的光照只要不影响操作和猪的采食就可以了。

（2）养猪数量 对于水深不足 2m 的鱼塘，每亩一般配养 5 头猪，水深 2m 以上的鱼塘，则配养 7 头猪。

（3）猪的投喂 猪的日粮以精饲料型为主，实践证明，采用高能日粮，饲养周期可缩短 20～25 天。因此可在猪的饲料中添加黄粉虫干和虫粪沙，既能降低饲料成本，也能转化养殖生产的黄粉虫品，更能提高猪肉的品质和养殖效益。

（4）供给充足洁净的饮水 猪的饮水量随体重、环境温度、饲粮性质和采食量等有所不同。一般在冬季时，其饮水量应为体重的 10% 左右，春、秋两季为体重的 15%，夏季约为体重的 25%。如果饮水不足或限制饮水，会引起食欲减退、采食量减少、日增重降低和饲料利用率降低，严重缺水时将引起疾病。

水槽最好与料槽分开，饮水设备以自动饮水器为好，也可以在猪栏内单设水槽，但应经常保持充足而洁净的饮水，让猪自由饮用。自动饮水器要经常检查水的流速，防止水流不畅影响饮水。一定要注意，不能让猪直接饮用鱼塘里的水。

（5）加强消毒与清洗 为保证猪的健康，避免外源性病菌进入猪舍内而发生疾病，在进猪之前有必要对猪舍、圈栏、用具等进行彻底的清扫、消毒和干燥。根据防疫的要求，日常管理中要定期用对肥育猪安全的消毒液进行带猪消毒。

每天生产出来的猪粪不能直接排放在池塘里，可在塘边设发酵池，用于集中堆放猪粪，让其在池内发酵，并根据水色变化情况定期泼入池塘肥水；而猪尿和冲圈水则可直接入塘肥水。

这位养殖户采用这种生态养殖模式，使自己养殖的黄粉虫基本上都能自己消化，不需要再为黄粉虫的市场和价格发愁，而且他养殖的鱼、鸡、鸭、猪的品质非常好，养殖动物的生病率也低，市场售价也一直居于周边养殖户的首位，也有不少朋友特地到他的林地养殖场现场捕捉生态鸡鸭，取得了非常可观的收益。

参 考 文 献

[1] 王应昌，杜勤生. 黄粉虫幼虫饲养及其加工利用效果研究 [J]. 河南农业大学学报，1996，30（3）：288-292.

[2] 王祈. 蚯蚓黄粉虫养殖技术 [M]. 北京：中国三峡出版社，2008.

[3] 叶兴乾，苏平，胡萃. 黄粉虫主要营养成分的分析和评价 [J]. 浙江农业大学学报，1997，23（5）：35-38.

[4] 刘伟强，罗来凌，黄炳南，等. 黄粉虫幼虫营养成分分析 [J]. 广东食品工业科技，1999（1）：56-57.

[5] 马仁华，曹秀云. 黄粉虫养殖与开发利用 [M]. 北京：中国农业出版社，2007.

[6] 杨冠煌. 中国昆虫资源利用和产业化 [M]. 北京：中国农业出版社，1998.

[7] 陆善旦. 地鳖虫黄粉虫饲养技术 [M]. 南宁：广西科学技术出版社，2001.

[8] 占家智，羊茜，吴青，等. 水产活饵料培育新技术 [M]. 北京：金盾出版社，2002.

[9] 陈彤，陈重光. 黄粉虫养殖与利用（修订版） [M]. 北京：金盾出版社，2009.

[10] 魏永平. 经济昆虫养殖与开发利用大全 [M]. 北京：中国农业出版社，2001.

[11] 原国辉，郑红军. 黄粉虫蝇蛆养殖技术 [M]. 郑州：河南科学技术出版社，2007.

[12] 刘玉升. 黄粉虫生产与综合应用技术 [M]. 北京：中国农业出版社，2006.

[13] 潘红平，韦航. 怎样科学办好黄粉虫养殖场 [M]. 北京：化学工业出版，2014.

[14] 原国辉，李为争. 黄粉虫养殖技术 [M]. 郑州：河南科学技术出版社，2011.